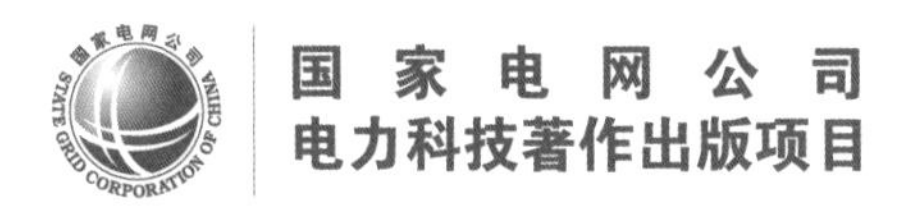

柔性直流电网技术丛书

高压直流断路器

高 冲 主编

中国电力出版社
CHINA ELECTRIC POWER PRESS

内 容 提 要

随着能源系统不断向低碳化转型，风电、光伏等清洁能源发电占比的不断增大，电网的灵活性和可控性需要提升，结构形态也需要随之变化。采用柔性直流输电技术构建而成的直流输电网络，可实现大规模可再生能源的广域互补送出，提高新能源并网能力，是柔性直流输电未来的重要发展趋势。《柔性直流电网技术丛书》共5个分册，从电网控制与保护、换流技术与设备、实时仿真与测试、过电压及电磁环境、高压直流断路器等方面，全面翔实地介绍了柔性直流电网的基础理论、关键技术和核心装备。

本分册为《高压直流断路器》分册，共7章，分别为概述、高压直流断路器拓扑及工作原理、高压直流断路器电气设计、高压直流断路器集成设计、高压直流断路器控制保护技术及装置、高压直流断路器试验技术、高压直流断路器典型工程应用案例。本书系统、深入阐述了高压直流断路器的技术发展、设计优化以及工程应用等方面，相关研究成果已经得到了工程应用和验证，能够为高压直流断路器设计、开发和试验等提供理论基础和技术支撑。

本丛书可供从事高压直流输电、大功率电力电子技术等相关专业的科研、设计、运行人员与输变电工程技术人员在工作中参考使用，也可作为高等院校相关专业师生的参考书。

图书在版编目（CIP）数据

高压直流断路器/高冲主编. —北京：中国电力出版社，2021.12
（柔性直流电网技术丛书）
ISBN 978-7-5198-5331-0

Ⅰ. ①高…　Ⅱ. ①高…　Ⅲ. ①高压断路器–直流断路器　Ⅳ. ①TM561

中国版本图书馆 CIP 数据核字（2021）第 020427 号

出版发行：中国电力出版社
地　　址：北京市东城区北京站西街 19 号（邮政编码 100005）
网　　址：http://www.cepp.sgcc.com.cn
策划编辑：王春娟　赵　杨
责任编辑：刘　薇（010-63412357）
责任校对：黄　蓓　马　宁
装帧设计：张俊霞
责任印制：石　雷

印　　刷：北京博海升彩色印刷有限公司
版　　次：2021 年 12 月第一版
印　　次：2021 年 12 月北京第一次印刷
开　　本：710 毫米×1000 毫米　16 开本
印　　张：10.25
字　　数：174 千字
印　　数：0001—1000 册
定　　价：68.00 元

《柔性直流电网技术丛书》
编 委 会

《高压直流断路器》
编 写 组

主　编　高　冲

参　编　张　升　陈龙龙　周万迪　王成昊　杨兵建

Preface 》 序言

进入21世纪，能源的清洁低碳转型已经成为全球的共识。党的十九大指出：要加强电网等基础设施网络建设，推进能源生产和消费革命，构建清洁低碳、安全高效的能源体系。2020年9月22日，习近平总书记在第七十五届联合国大会上提出了我国“2030碳达峰、2060碳中和”的目标。其中，电网在清洁能源低碳转型中发挥着关键和引领作用。但新能源发电占比的快速提升，给电网的安全可靠运行带来了巨大挑战，因此电力系统的发展方式和结构形态需要相应转变。

一方面，大规模可再生能源的接入需要更加灵活的并网方式；另一方面，高比例可再生能源的广域互补和送出也需要电网具备更强的调节能力。柔性直流输电作为20世纪末出现的一种新型输电方式，以其高度的可控性和灵活性，在大规模风电并网、大电网柔性互联、大型城市和孤岛供电等领域得到了广泛应用，成为近20年来发展速度最快的输电技术。而采用柔性直流输电技术构成直流输电网络，可以将直流输电技术扩展应用到更多的领域，也为未来电网结构形态的变革提供了重要手段。

针对直流电网这一全新的技术领域，2016年度国家重点研发计划项目“高压大容量柔性直流电网关键技术研究与示范”在世界上首次系统性开展了直流电网关键技术研究和核心装备开发，提出了直流电网构建的技术路线，探索了直流电网的工程应用模式，支撑了张北可再生能源柔性直流电网示范工程（简称张北柔性直流电网工程）建设，为高比例可再生能源并网和输送等问题提供了全新的解决方案。

张北地区有着大量的风电、光伏等可再生能源，但本地消纳能力有限，需实现大规模可再生能源的高效并网和外送。与此同时，北京地区也迫切需要更加清洁绿色的能源供应。为此，国家规划建设了张北柔性直流电网工程。该工程汇集张北地区风电和光伏等可再生能源，同时接入抽水蓄能电站进行功率调节，将所接收的可再生能源100%送往2022年北京冬奥会所有场馆和北京负荷中心。2020 年 6 月 29 日，工程成功投入运行，成为世界上首个并网运行的柔性直流电网工程。这是国际电力领域发展的一个重要里程碑。

为总结和传播“高压大容量柔性直流电网关键技术研究与示范”项目的技术研发及其在张北柔性直流电网工程应用的成果，我们组织编写了《柔性直流电网技术丛书》。丛书共分 5 册，从电网控制与保护、换流技术与设备、实时仿真与测试、过电压及电磁环境、高压直流断路器等方面，全面翔实地介绍了柔性直流电网的相关理论、设备与工程技术。丛书的编写体现科学性，同时注重实用性，希望能够对直流电网领域的研究、设计和工程实践提供借鉴。

在“高压大容量柔性直流电网关键技术研究与示范”项目研究及丛书形成的过程中，国内电力领域的科研单位、高等院校、工程应用单位和出版单位给予了大力的帮助和支持，在此深表感谢。

未来，全球范围内能源领域仍将继续朝着清洁低碳的方向发展，特别是随着我国“碳达峰、碳中和”战略的实施，柔性直流电网技术的应用前景广阔，潜力巨大。相信本丛书将为科研人员、高校师生和工程技术人员的学习提供有益的帮助。但是作为一种全新的电网形态，柔性直流电网在理论、技术、装备、工程等方面仍然处于起步阶段，未来的发展仍然需要继续开展更加深入的研究和探索。

中国工程院院士

全球能源互联网研究院院长

2021 年 12 月

Foreword 》 前言

经过 100 多年的发展，电力系统已成为世界上规模最大、结构最复杂的人造系统。但是随着能源系统不断向低碳化转型，风电、光伏等清洁能源发电占比不断增大，电网的灵活性和可控性需要提升，结构形态也需要随之变化。

20 世纪末，随着高压大功率电力电子技术与电网技术的加速融合，出现了电力系统电力电子技术新兴领域，可实现对电力系统电能的灵活变换和控制，推动电网高效传输和柔性化运行，也为电网灵活可控、远距离大容量输电、高效接纳可再生能源提供了新的手段。而柔性直流输电技术的出现，将电力系统电力电子技术的发展和应用推向了更广泛的领域。尤其是采用柔性直流输电技术可以很方便地构建直流电网，使得直流的网络化传输成为可能，从而出现新的电网结构形态。

我国张北地区风电、光伏等可再生能源丰富，但本地消纳能力有限，张北地区需实现多种可再生能源的高效利用，相邻的北京地区也迫切需要清洁能源的供应。为此，国家规划建设了世界上首个柔性直流电网工程——张北可再生能源柔性直流电网示范工程（简称张北柔性直流电网工程），标志着柔性直流电网开始从概念走向实际应用。依托 2016 年度国家重点研发计划项目“高压大容量柔性直流电网关键技术研究与示范”，国内多家科研院所、高等院校和产业单位，针对柔性直流电网的系统构建、核心设备、运行控制、试验测试、工程实施等关键问题开展了大量深入的研究，有力支撑了张北柔性直流电网工程的建设。2020 年 6 月 29 日，工程成功投运，实现了将所接收的新能源 100%外送，并将为 2022 年北京冬奥会提供绿色电能。该工程创造了世界上首个具有网络特性的直流电网工程，世界上首个实现风、光、储多能互补的柔性直流工程，世界上新能源孤岛并网容量最大的柔性直流工程等 12 项世界第一，是实现清洁能源大规模并网、推动能源革命、践行绿色冬奥理念的标志性工程。

依托项目成果和工程实施，项目团队组织编写了《柔性直流电网技术丛书》，详细介绍了在高压大容量柔性直流电网工程技术方面的系列研究成果。丛书共 5

册，包括《电网控制与保护》《换流技术与设备》《实时仿真与测试》《过电压及电磁环境》《高压直流断路器》，涵盖了柔性直流电网的基础理论、关键技术和核心装备等内容。

本分册是《高压直流断路器》，共分为7章，第1章主要介绍高压直流断路器的技术要求和技术路线；第2章主要介绍高压直流断路器的拓扑形式和工作原理；第3章主要介绍高压直流断路器的电气设计；第4章主要介绍高压直流断路器的结构设计、抗震设计与校核，以及绝缘配合；第5章主要介绍高压直流断路器的控制保护技术及装置；第6章主要介绍高压直流断路器的例行试验和型式试验技术；第7章主要介绍典型工程应用案例。本分册系统、深入地阐述了高压直流断路器的技术发展、设计优化以及工程应用等内容，相关研究成果已经得到了工程应用和验证，能够为高压直流断路器设计、开发和试验等提供理论基础和技术支撑。

在本分册的撰写过程中，得到了编写组和课题组研究人员的全力支持。本分册由高冲统稿、审阅与修改。第1章由高冲编写，第2章由张升编写，第3章由周万迪编写，第4章由王成昊编写，第5章由杨兵建编写，第6章由陈龙龙编写，第7章由高冲编写。此外，刘远、李骃智、孙泽来、丁骁等人承担了大量的资料查找、校对等工作，在此一并表示感谢。

本丛书可供从事高压直流输电、大功率电力电子技术等相关专业的科研、设计、运行人员与输变电工程技术人员在工作中参考使用，也可作为高等院校相关专业师生的参考书。由于作者水平有限，书中难免存在疏漏之处，欢迎各位专家和读者给予批评指正。

编　者

2021年12月

Contents 目录

1 概　述

由于能源资源和负荷中心分布不均衡，以及化石能源短缺和环境污染问题日益严重，随着能源开发和消费深入发展，推动化石能源向清洁能源转型、促进新能源高效开发利用、发展高电压大容量输电技术已经成为世界各国的共识。高压直流输电与交流输电技术相比，具有输电线路建设费用低、功率容易调节、无稳定性问题等优点，在高电压、远距离和大容量输电领域受到广泛关注和大力发展。据统计，目前全世界已经建成的直流输电工程有 90 多项，总容量超过 70 000MW。这些工程多为远距离的端对端系统或者中间可抽取电力的多端系统，但未能形成直流电网，其关键在于投切分支网络的高压直流断路器技术无法得到突破，严重制约了直流电网技术的发展。

电流开断的本质在于采取措施使得电流降为零且不再增加。交流系统中由于电流呈现周期性变化的规律，其电流存在自然零点，因此只要使得电流在过零后不再增加，即实现了电流的开断。人们利用这一特点研发了交流断路器，经过百余年的发展，目前交流断路器最高电压达到 1000kV，开断电流达到 60kA。由于直流电流本身连续，不存在类似于交流电流的自然零点，因此，直流开断必须寻求全新的开断方法，比如通过反向注入电流创造零点的方法研制用于切换中性线路的传统直流断路器。不仅如此，在直流系统的感性元件上储存了大量的电磁能量，容易造成系统的过电压风险而导致电弧重燃，因此，其大量的能量必须得到充分释放和吸收。由于熄灭电弧过程时间极短，电弧能量较大，这使得直流开断更加困难。

1.1　直流断路器的技术要求

为了推动直流断路器的快速发展，解决困扰直流组网的技术难题，中国相继通过 863 计划、973 计划、自然科学基金和国家重点研发计划等项目，支撑高压直流断路器关键技术研究、样机研制和试验示范等工作。国内外专家学者围绕直流开断难题开展了大量的技术研究，我国成功研制了 200kV 混合式直流断路器和 160kV 机械式直流断路器，分别于 2016 年和 2017 年在舟山和南澳直流输电工程应用，这两个工程成为直流断路器技术发展的重要里程碑，也使得我国在直流断路器技术方面位于世界领先水平。

通过对直流断路器在电力系统中的应用研究，大家认为直流断路器和交流断路器一样，作为重要的控制和保护设备，可以有选择地切除故障线路，从而维持健全系统继续运行，是直流电网可靠、安全供电的重要保证。此外，基于直流系统的特殊拓扑，直流断路器还可以实现换流站的单站投退以及直流系统的快速重启，从而提高系统运行的灵活性。

直流断路器作为构建直流电网的重要设备，需要能够关合、承载和开断系统正常运行条件下的电流，并能关合、在规定的时间内承载和开断异常运行条件下的电流。同时，作为系统重要的控制和保护设备，直流断路器需要具备开断高压大电流、快速动作、线路重合闸和故障就地检测识别功能。

低压直流电网故障电流较小，直流断路器技术方案较多，实现较为容易。高电压直流电网能够传输更大的功率，直流断路器在高压领域应用是直流断路器的技术趋势，也是技术难点。在高压领域，由于系统容量增大，电流上升速率更快，需要分断的电流和吸收的系统能量也更大。

直流断路器的快速动作要求远远高于交流断路器，这是由于直流系统的基础为电力电子器件，呈现弱阻尼、低惯性的特点，在发生故障时，短路电流上升速度快，一般要求直流断路器在数毫秒内动作，否则故障电流太大将导致系统闭锁停运，或者电流超出开断能力。而交流系统多为发电机、变压器和线路等感性元件，故障电流承受能力较强，因此交流断路器在数十毫秒内动作即可，二者要求的动作时间差距高达 10～20 倍。

在架空线路组成的直流线路中，必须考虑重合闸功能，以满足系统对暂时性故障的判断要求。但直流断路器的重合闸却和交流断路器存在差异：① 直流断路器重合闸需要两次吸收系统的故障能量，这对直流断路器的能量吸收装置提出了极高的要求，而交流断路器重合闸只需要再次熄弧即可，两次合闸时间间隔仅为数百毫秒，该时间近乎为绝热过程；② 直流断路器的重合闸要求其具备快速的合闸、分闸能力，甚至第二次的分闸时间要求比第一次更短，这就对其快速动作提出了更高的要求。

常规的交流系统，其故障的检测时间通常为数十毫秒，而直流断路器需要不超过 3ms 的检测时间，这是由于直流系统电力电子器件电流承受能力和关断能力较低造成的。如果继续沿用交流系统的故障检测方法，即通过变电站的集控系统统一控制，选择性地切除和操作断路器，将会由于通信时间过长造成故障电流超过直流断路器的切断水平而无法切断的风险。因此，就地化检测和识别也是直流断路器的一个特点，这也使得它成为一个集合一、二次设备的智能化开关装置。

1.2 直流断路器的技术路线

基于直流断路器的技术要求，国内外专家学者开展了大量的技术研究，提出了很多解决方案，虽然拓扑形式和原理多样，但按照技术特点可将其总结为机械式、固态式和混合式三种技术路线。

1.2.1 机械式直流断路器

机械式直流断路器借鉴传统的交流断路器方案，将机械开断单元应用于不同的直流断路器拓扑中。由于传统的交流断路器只能熄灭过零点的电流，因此该种形式的直流断路器需要创造人工过零点或者限制短路电流到足够小以完成开断。

20 世纪 70 年代后期到 80 年代中期，欧洲的 BBC 公司和美国的西屋电气公司分别制造了用于太平洋联络线的直流断路器，于 1984 年 2 月完成了现场测试。20 世纪 80 年代以来，日本在研制直流断路器方面比较活跃。东芝、日立、三菱等公司都有相关的产品问世。其中，日立公司在 1985 年研制了 250kV/8kA 的直流断路器并进行了实验室测试。20 世纪 90 年代末，东芝公司制造的±500kV/3500A 金属回路转换开关应用于日本的本洲至四国直流输电工程。在中国，国家电网有限公司、中国南方电网有限责任公司、西安交通大学、华中科技大学、中国科学院等供电企业、高等学校和科研院所也在高压直流断路器上开展广泛研究。中国南方电网有限责任公司联合高等学校，采用谐振机械式技术路线，通过人工创造电流过零点，实现机械开关熄弧分断，研制出 160kV 机械式高压直流断路器，如图 1-1 所示。它基于耦合式高频人工过零点技术实现双向直流电流的快速开断，其控制简单、可靠性高，具备 0～9kA 电流的双向开断能力，开断时间约为 3.5ms，并于 2017 年在南澳三端柔性直流工程中应用。

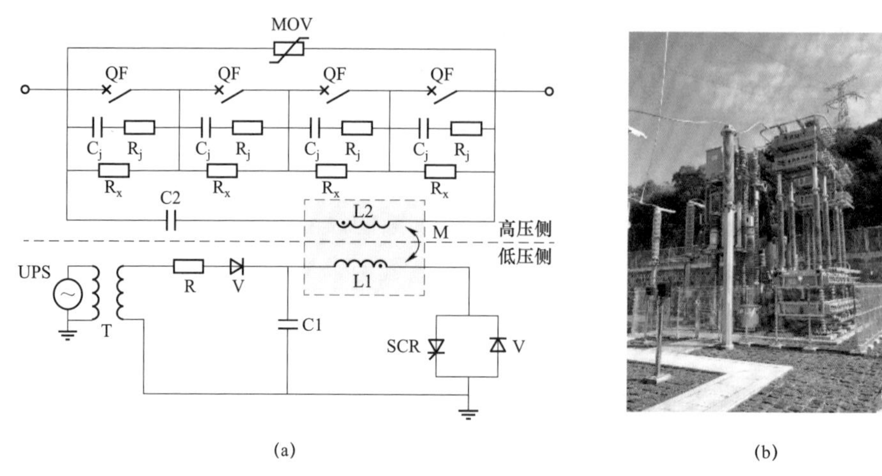

(a) (b)

图 1－1 160kV 机械式高压直流断路器

（a）拓扑结构；（b）工程样机

UPS—供能系统；T—地电位隔离变压器；R—充电电阻；V—整流二极管；C1—地电位电容；
SCR—触发晶闸管；C2—振荡支路电容；QF—机械式交流断路器；
R_j、C_j—动态均压电阻、电容，R_x—直流均压电阻

1.2.2 固态式直流断路器

自 20 世纪 80 年代起，国内外专家学者开始开展固态式直流断路器的研制。1987 年美国得克萨斯州立大学研制出一台采用门极可关断晶闸管（gate turn-off thyristor，GTO）作为主开关的 200V/15A 直流固态断路器。2005 年，美国电力电子系统研究中心研制出基于发射极可关断晶闸管（emitter turn-off thyristor，ETO）的 2.5kV/1.5kA 和 4.5kV/4kA 的固态直流断路器样机。2014 年，日本电力电子研究中心提出一种采用续流二极管吸收能量的方案，该方案能够减少能量吸收装置消耗的能量，减少对能量吸收装置的压力。2015 年，ABB 公司研制了基于集成门极换流晶闸管（integrated gate-commutated thyristor，IGCT）的 2.5kV/6.8kA 的固态式直流断路器，采用逆阻型 IGCT 器件，1kA 的导通压降仅有 0.9V，不需要庞杂的散热系统，节约了成本，减少了体积。2006 年，我国海军工程大学的庄劲武等人研制出应用于舰船直流供电系统的固态式直流断路器，主要应用于低压大电流场合。2010 年，中国南航穆建国等人也研制出全固态直流断路器，并在低压条件下进行了试验验证。2017 年，武汉船用电力推进装置研究所彭振东等研制出基于 IGCT 的固态直流断路器样机，可在 1500V/4000A 条件下开断电流，分断时间小于 10μs。

由于单个电力电子器件承受电压较低，如果应用于高压场合，固态式直流

断流器需要采用大量的器件串联，这使得断路器损耗大大增加，降低系统运行的经济性，因而固态式直流断路器目前主要在中低压领域中应用。

1.2.3　混合式直流断路器

针对机械式直流断路器开断时间长和固态式直流断路器通态损耗大、应用电压低的缺点，20 世纪 80 年代以来，出现了由半导体器件和机械开关共同构成的混合式直流断路器。该断路器兼具机械式断路器良好的静态特性以及固态式断路器无弧快速分断的动态特性，具有运行损耗低、分断时间短等优点，适合直流输电的网络化应用。国内外在此领域已经取得了重大突破和一系列研究成果。2012 年 11 月，ABB 公司对外宣布研制完成了额定电压 80kV、额定电流 2kA、分断时间 5ms、分断电流 8.5kA 的基于全控器件的混合式直流断路器样机[拓扑结构如图 1-2(a)所示]。2014 年 3 月，ALSTOM 公司研制完成额定电压 120kV、额定电流 1.5kA、分断时间 5.5ms、分断电流 5.2kA 的基于半控器件的混合式直流断路器样机［拓扑结构如图 1-2（c）所示］，并通过试验验证。西门子公司及德国亚琛工业大学等高等学校，也提出了一些混合式断路器拓扑，但仍处于关键技术研究阶段。全球能源互联网研究院（简称联研院）作为我国最早开展高压直流断路器技术研究的单位，提出了采用模块级联技术的混合式全控型直流断路器拓扑结构，并于 2014 年研制出额定电压 200kV、额定电流 2kA、最大分断电流 15kA、分断时间为 3ms 的直流断路器样机。2016 年，成功应用于我国舟山五端柔性直流工程，解决了舟山工程中直流故障快速清除等问题，为更高电压等级的断路器研制奠定了基础。2017 年，联研院又基于模块级联技术研制出额定电压 500kV、额定电流 3.3kA、最大分断电流 26kA、分断时间为 2.53ms 的混合式直流断路器样机，如图 1-2（f）所示。

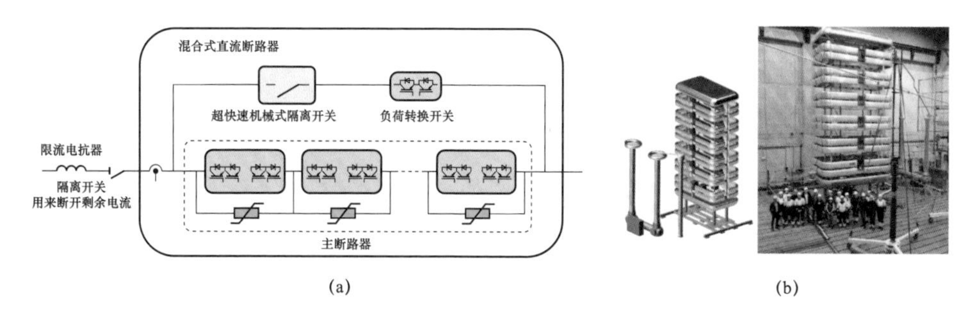

图 1-2　混合式高压直流断路器（一）

（a）ABB 公司的 350kV 断路器拓扑结构；（b）ABB 公司的 350kV 断路器试验样机

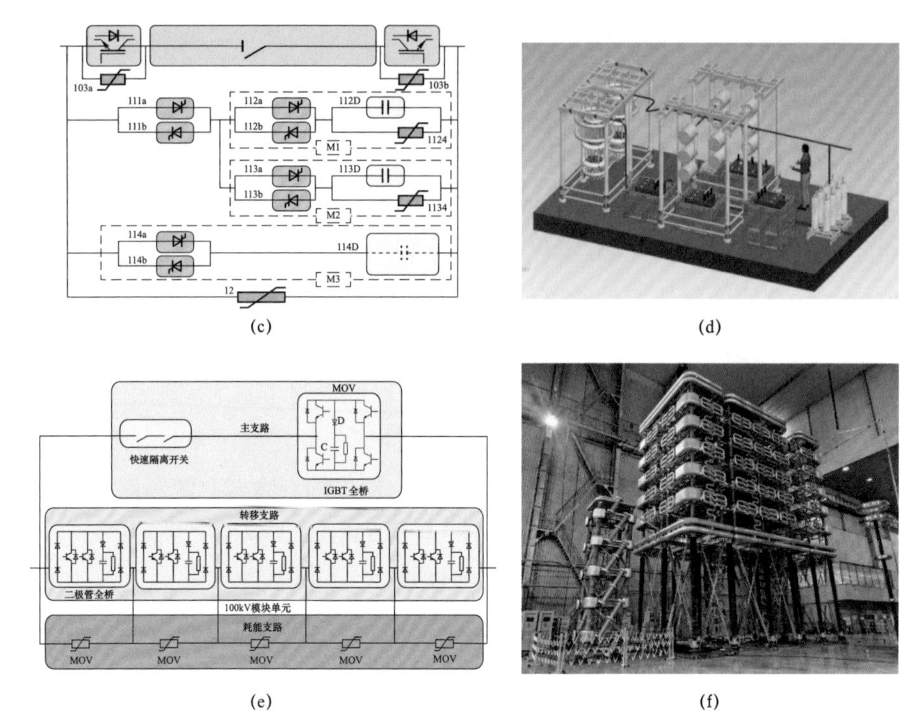

(c) (d)

(e) (f)

图 1－2　混合式高压直流断路器（二）

（c）ALSTOM 公司的 120kV 断路器拓扑结构；（d）ALSTOM 公司的 120kV 断路器试验样机；
（e）联研院的 500kV 断路器拓扑结构；（f）联研院的 500kV 断路器试验样机

2

高压直流断路器拓扑及工作原理

2.1 概述

实现高压直流电流分断与交流电流分断最大的区别在于直流电不存在电流过零点，这给直流断路器的研制带来了巨大的技术难题，要安全可靠实现直流电流开断，要求直流断路器必须具备三项基本要求：

（1）能够在通流路径上创造电流过零点；

（2）能够消耗储存在系统中的能量；

（3）能够承受电流分断后产生的过电压，并能抑制该过电压不超过直流系统的绝缘水平。

对于基于电流源型的高压直流输电技术（line commutate converter based HVDC，LCC－HVDC）的多端系统，直流断路器达到以上三项要求即能满足实际运用的需求；对于基于电压源型的高压直流输电技术（voltage sourced converter based HVDC，VSC－HVDC）的多端系统，由于存在直流侧所含电感过低及电压源转换器阀中反并联二极管续流的不利因素，因此在发生直流侧短路故障时将产生随时间快速变化的短路电流，若不能迅速切除直流侧短路故障，势必会造成短路电流幅值过大，损坏设备，影响系统运行，因此还要求直流断路器具备快速动作能力。

基于上述要求，针对高压直流断路器的研究取得了一定的成果，其基本原理如图 2－1 所示。主电流支路用于导通和承载额定或暂时过电流；转移电流支路用于主动建立暂态分断电压，并强迫电流转移至能量吸收支路；能量吸收支路将残余在系统中的故障电流吸收至零。

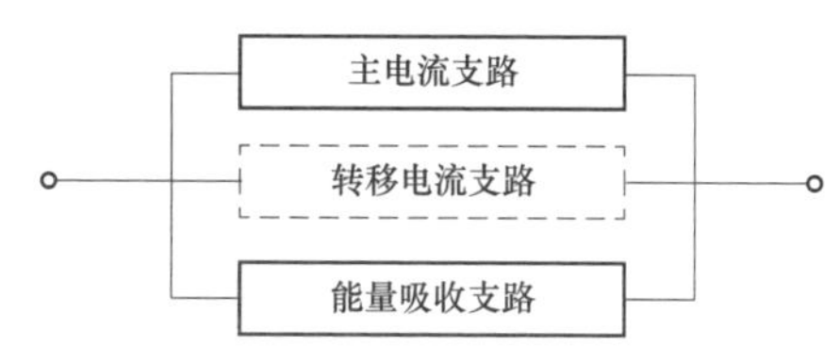

图 2－1　高压直流断路基本原理图

第 1 章所述三种类型的高压直流断路器的特点如下：

（1）机械式高压直流断路器（mechanical circuit breaker，MCB）。MCB 是在传统机械式断路器两端并联振荡电路的断路器装置，利用振荡电路使流过机械式断路器的电流产生“人工”过零点，解决直流熄弧的问题，多应用于直流系统中的金属回线和中性母线转换开关等场景。MCB 通态损耗低、控制步骤少、结构简单，但通常开断时间较长，实现高压大容量直流系统应用需突破开断速度、小电流下的可靠开断、辅助电源系统设计等技术问题。

（2）固态式高压直流断路器（solid-state circuit breaker，SSCB）。SSCB 是由纯电力电子开关器件构成的断路器装置，直接或间接利用电力电子器件开断电流。SSCB 控制灵活、动作迅速、扩展性良好，但开断容量受限于电力电子器件水平，通态损耗难以满足高压直流系统需求，通常应用于低压领域。

（3）混合式高压直流断路器（hybrid circuit breaker，HCB）。HCB 是由电子电子器件和机械开关组合构成的断路器装置，结合了上述两种直流断路器的优点。HCB 通态损耗低、控制灵活、开断速度快、扩展性良好，但其工作流程复杂，技术难度相对较大，近年来成为高压直流断路器领域的主要研究方向。

下面对这三种类型的高压直流断路器的工作原理及特点进行阐述。

2.2 MCB 拓扑及工作原理

MCB 采用基于 SF_6 或空气的分断装置作为机械开关，分为有源型振荡 MCB 和无源型振荡 MCB 两种。

2.2.1 有源型振荡MCB

有源型振荡 MCB 的电路拓扑如图 2－2 所示，QF 为 SF_6 断路器或空气断路器，振荡环节包含电容器 C、杂散电感 L，辅助电源通过开关 S 对电容器 C 进行预充电。MOV 为金属氧化物可变电阻（metal oxide varistor），作为能量吸收装置。

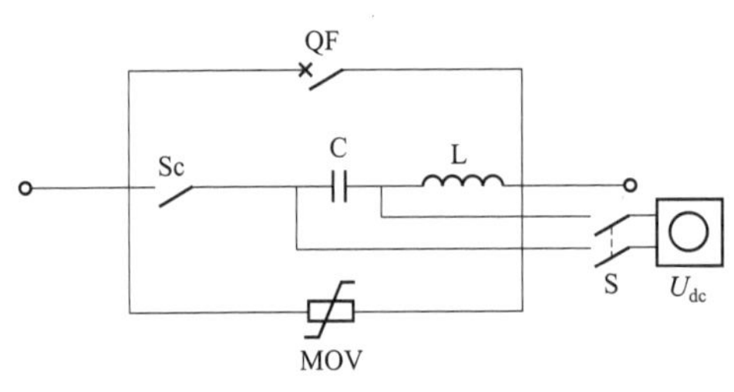

图 2－2　有源型振荡 MCB 电路拓扑

系统正常运行时，系统中直流电流主要经断路器 QF 流通。电容器 C 已经被预充电至额设电压值，开关 S 断开。该电压值经过计算选定，以满足对分断回路注入的叠加电流能在要求时间内过零。当系统发生短路故障时，断路器 QF

断开，与此同时开关 Sc 合闸，电容器 C 预充电电压与断路器电弧电压反向，向分断回路中注入反向电流，其幅值逐渐增大直至叠加电流为零，电弧熄灭。此后，电流转入电容器 C 所在换相支路中，对电容器 C 开始正向充电。此时，断路器 QF 触头之间的灭弧介质性能开始恢复，直流系统中储存的能量使得断口间的恢复电压上升，速度为电容器电容值的倒数，断路器 QF 的介质恢复速度大于这一速度便不会发生重燃现象。当电容器 C 正向电压达到 MOV 动作电压，短路电流被转移至 MOV 上被吸收，断路器 QF 完成开断过程。若 Sc 为火花间隙或真空触发开关，其电流降低到一定程度后自动断开，将换流电路与系统隔离。

有源型振荡 MCB 通过反向注入电流的方式创造过零点熄弧，在技术上易于实现，而且注入电流的幅值可以控制，开断能力强，能够控制熄弧时间，提高断路器分断速度；但由于需要配备辅助电源设备，增加了有源型振荡 MCB 的体积和成本，结构相对复杂，保证整体可靠性难度增大。近年来国内的一些高等学校和研究机构对 MCB 开展相关研究，取得了一定的进展。2017 年中国南方电网科学研究院研制出应用于南澳三端柔性直流工程的 160kV MCB。

2.2.2 无源型振荡MCB

无源型振荡 MCB 电路拓扑如图 2-3 所示，QF 是交流断路器，L 是电抗器，C 是电容器，MOV 为金属氧化物可变电阻。

当系统发出跳闸信号后，交流断路器 QF 跳闸，断口产生不稳定的电弧电压，引发 L、C 支路产生振荡。通过选择适当的 L、C，使之与电弧的负阻抗特性匹配，L、C 支路振荡电流幅值将会迅速增加，当其与断口流过电流幅值相等、方向相反时，叠加到断口上的电流即为零，实现电弧熄灭。随后，短路电流转移到 L、C 支路上，对电容器 C 进行反向充电，当其正向电压达到 MOV 动作值时，短路电流被转移至 MOV 上吸收。

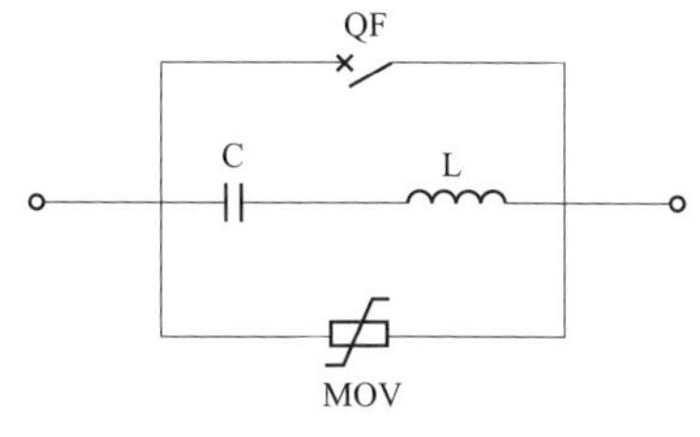

图 2-3 无源型振荡 MCB 电路拓扑

无源型振荡 MCB 利用机械开关电弧负阻抗特性，与并联的 LC 电路谐振创造过零点熄弧，控制简单，回路可靠性高。但当电弧电流大到一定程度后，电弧负阻抗特性就变得不太明显，需要选择合适的 L、C 与分断装置产生电弧负阻抗特性配合。此外受到机械动作性能等因素限制，动作时间相对较长，采用该技术的直流断路器开断时间一般需要 20ms 左右。目前无源型振荡 MCB 主要应用于切断 5kA 以下电流的场合。

随着电网额定电压逐步升高，为提高 MCB 的分断性能，可以采用模块化串联方式，其基本原理如图 2–4 所示；也可以在每一个模块中采用两个开关提升直流断路器分断性能（如图 2–5 所示）。在一定的电压等级下，通过增加开关数量还可以减小每个模块中电容器的尺寸。目前无源型振荡 MCB 已经具备 500kV/4000A 的分断能力。

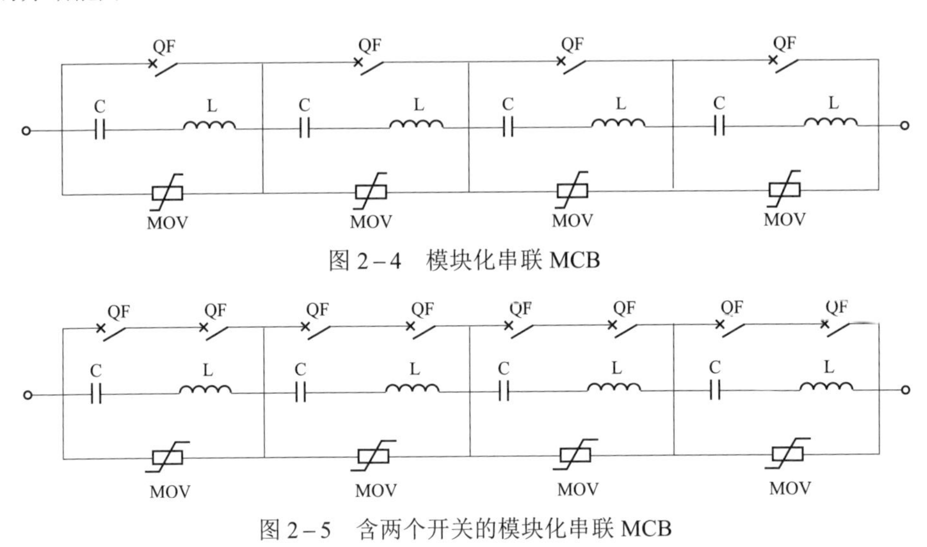

图 2–4　模块化串联 MCB

图 2–5　含两个开关的模块化串联 MCB

2.3　SSCB 拓扑及工作原理

依据所采用的开关器件类型可以将 SSCB 分为采用半控型器件的半控型 SSCB 和采用全控型器件的全控型 SSCB 两种。

2.3.1　半控型SSCB

半控型 SSCB 采用晶闸管作为电路开关。在大功率电力电子设备中，晶闸管具备良好的性能，阻断电压能力高，通态损耗低，能极大地降低断路器成本；但其也存在着无法直接分断电流的不足，需要增加辅助电路强迫电流转移，使得其需要额外的投入。尽管如此，与全控型 SSCB 相比，半控型 SSCB 依然具有明显的经济优势。半控型 SSCB 开关速度相对慢，相较于全控型 SSCB 几百微秒的开断速度，其强迫换相的晶闸管需要 1ms 左右开断短路电流，但所开断的电流峰值是可以接受的。

一种半控型 SSCB 的电路拓扑如图 2–6 所示。

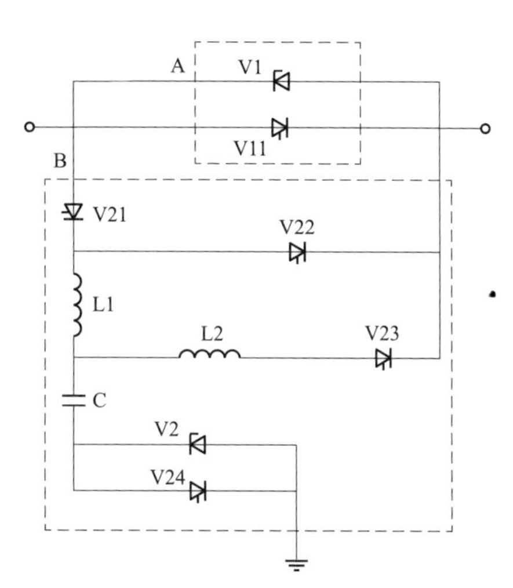

图 2－6　半控型 SSCB 电路拓扑

电路中，A 框内为主电路，B 框内为辅助电路，其中 V 为晶闸管和二极管，C 为电容器，L 为电抗器。主电路开断时，首先触发 V21、V23，电路电流以指数形式上升到额定工作电流，随后触发 V11 和 V24，由于电容电位不能突变且换相时间远短于电容充电时间，电容电压保持为零，电流加速向主回路转移。换相结束后，电源继续对电容充电，直至其达到电源电压的 2 倍。当故障发生时，触发 V23，电容器 C 经 L2 向主电路放电，流经 V11 的故障电流幅值开始减小，由于 L2 电感设计值很小，放电电流上升速度大于故障电流的上升速度，当其幅值等于故障电流幅值时，V11 中电流过零，实现开断。随后放电电流经二极管 V1 反馈至电网中，直至其幅值衰减至与故障电流值再次相等，二极管 V1 关断，电容器 C 单独对主电路放电，直至电流为零。该电路拓扑控制复杂，且只具备单向开断能力。

一种相对简单且具备双向开断能力的强迫换相断路器电路拓扑如图 2－7 所示。

通过辅助电源将电容电压充至需求电压并保持住。在正常运行时，电流经过低损耗的主开关 V1、V2，发生故障时断开辅助电源并触发辅助晶闸管 V11 或 V12，电流被强迫换相至辅助回路中，主开关中的电流将会降至零并被开断。电网电流对电容 C 充电，改变其极性，当其值达到 MOV 动作水平时，辅助晶闸管开断，电流转入 MOV 中，消耗能量。随后，重新闭合辅助电源，对电容重新充电。

高压电容器价格昂贵，为减低成本，还可以考虑如图 2－8 所示晶闸管桥断路器电路拓扑。

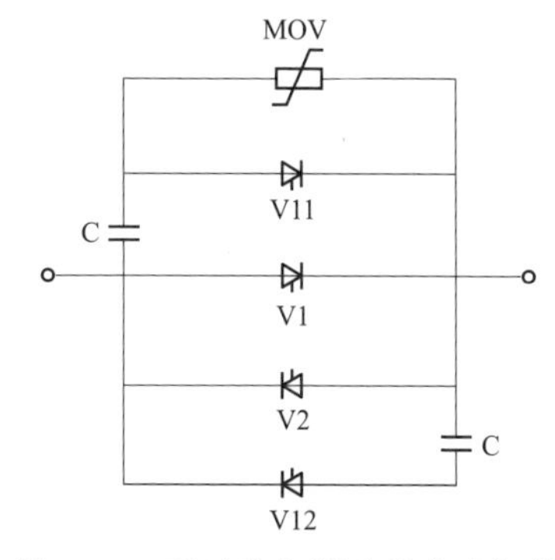

图 2－7　强迫换相断路器电路拓扑

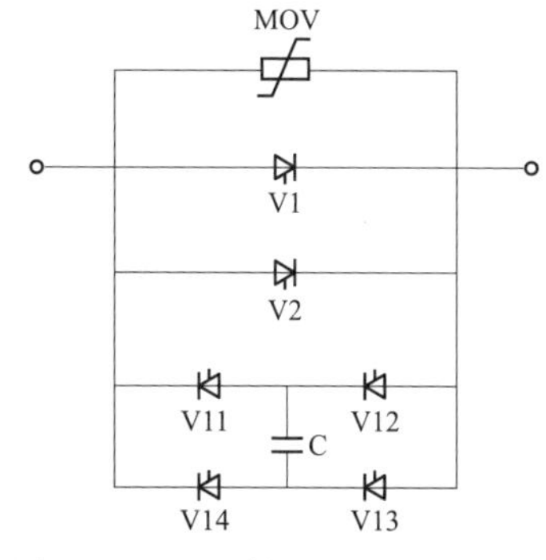

图 2－8　晶闸管桥断路器电路拓扑

2.3.2 全控型SSCB

全控型 SSCB 采用可关断器件（如 IGBT、IGCT）作为电路换相开关，可关断器件能够自我控制关断，出现故障时能够迅速切断电流，因此全控型 SSCB 的显著优点是动作速度快。其基本电路拓扑如图 2－9 所示。

全控型 SSCB 主要采用可关断器件，如 IGCT 或 IGBT，电力电子开关只能单向导通和阻断。为满足系统潮流调节需求，可以采用两组电力电子开关以一定方式连接实现双向电流的导通和阻断。在现有的电力电子器件水平下，实现大电流导通需要多个器件以并联方式分流，实现高电压阻断需要多个器件以串联方式分压。因此，高压 SSCB 需要大量的电力电子开关，决定了其高昂的成本。在正常运行时，电力电子开关触发导通，当发生故障时，电力电子开关立即闭锁，截断电流。其动作十分迅速，可以达到微秒级，若关断时电流过大，关断电流将随时间快速增加，从而在系统电感上引发巨大的感应电动势。为避免 SSCB 以及系统其他设备遭受损害，需要在其两端并联 MOV 限制电压并消耗系统电感元件能量，当能量过高时，需要配置多个 MOV。

为减少采用电力电子开关数量，可以采用桥式结构的电路拓扑，如图 2－10 所示。

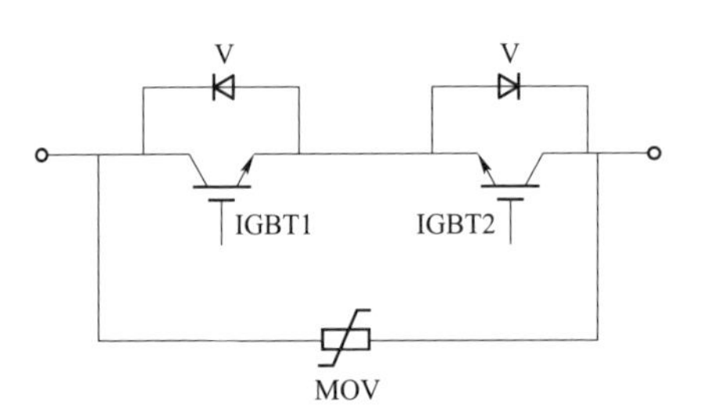

图 2－9　全控型 SSCB 电路拓扑

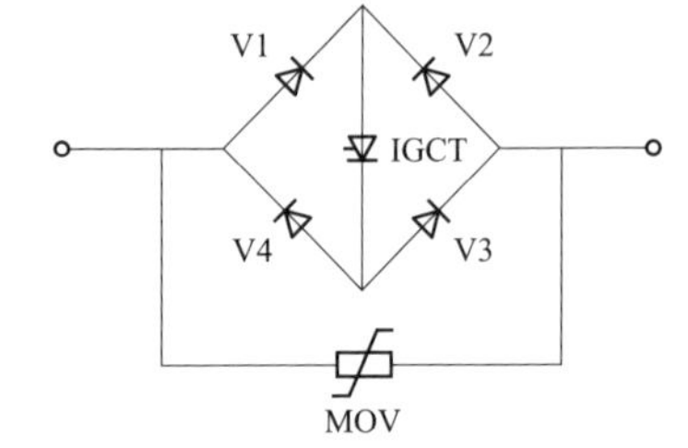

图 2－10　全控型 SSCB 桥式结构电路拓扑

正常情况下，正向电流经 V1、IGCT、V3 流通，需要阻断时闭锁 IGCT，该支路呈现高阻态，电流截止，转移至能量吸收支路中；反向电流经 V2、IGCT、V4 流通，其阻断原理与正向时一样。该拓扑降低了设备成本，同时也能简化控制系统，提高设备的可靠性。

2.3.3 小结

半控型 SSCB 因其基于晶闸管技术的理论研究成熟而应用广泛，且其还有通态损耗相对较低的优点；但由于晶闸管无法自我控制关断，需要增加辅助电路使得电流转移并过零，增加了晶闸管的使用数量，而且所涉及的换流回路较多，

控制复杂。全控型 SSCB 能够控制关断，有着更快的动作速度，但全控型 SSCB 的可关断器件耐压能力较晶闸管差，意味着需要使用更多数量的器件，因而价格昂贵。从技术上而言，全控型 SSCB 的动态均压、均流技术需要进一步研究，驱动系统的同步控制需要进一步完善，器件动作特性的分散性需要进一步缩小，实现难度比半控型 SSCB 大。

总体而言，SSCB 使用电力电子开关，具有动作时间短、没有电弧等特点，但其相较于 MCB 存在通态损耗高、建设成本高两项难以忽视的缺点，选择合适的器件和电路拓扑以降低 SSCB 的通态损耗及成本是主要研究方向，目前该技术主要应用于中低压领域。

2.4 HCB 拓扑及工作原理

依据所采用开关器件的类型可以将HCB分为采用半控型器件的半控型HCB和采用全控型器件的全控型 HCB 两种。

2.4.1 半控型HCB

1. 半控无源型 HCB

对于半控型 HCB，为解决可靠转移主支路电流技术问题，提出了如图 2－11 所示的拓扑结构，在主电流支路上增加一个换流模块与快速机械开关 K 串联，该换流模块由少量 IGCT 和并联于其两端的 MOV 组成。转移电流支路由晶闸管阀 V 和电容器 C 串联组成。因为其中所使用的高压电容器不需要进行预充电，所以称该拓扑结构为无源型。

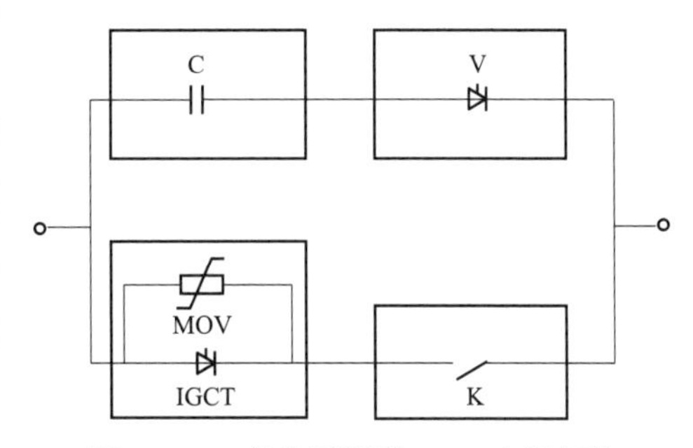

图 2－11　半控无源型 HCB 电路拓扑

其工作原理为：

（1）系统正常运行时，由 IGCT 和快速机械开关 K 导通；

（2）HCB 右侧故障时，闭锁 IGCT，电流将转移至并联于 IGCT 两端的 MOV 中，随后触发晶闸管阀 V，电流开始向晶闸管阀 V 所在支路转移，主支路电流过零后快速打开快速机械开关 K；

（3）系统对电容器 C 充电，电容电压不断上升直至足够故障电流过零，晶闸管阀 V 关断，短路能量全部储存于电容器 C 中。

目前公布的样机性能参数为120kV（额定电压）/1.5kA（额定电流）/3kA（分断电流），如果进一步提升应用系统的电压等级和分断电流，将会增加所用高压电容器的体积，并延长分断时间，这成为限制其应用的重大技术难点。

2. 半控有源型HCB

如图2－12所示的半控有源型HCB拓扑结构，主支路由快速机械开关和少量二极管组成，通过注入反向电流方式来实现主支路电流的完全转移。因为其中所使用的电容器需要进行预充电，因此称该拓扑结构为有源型。

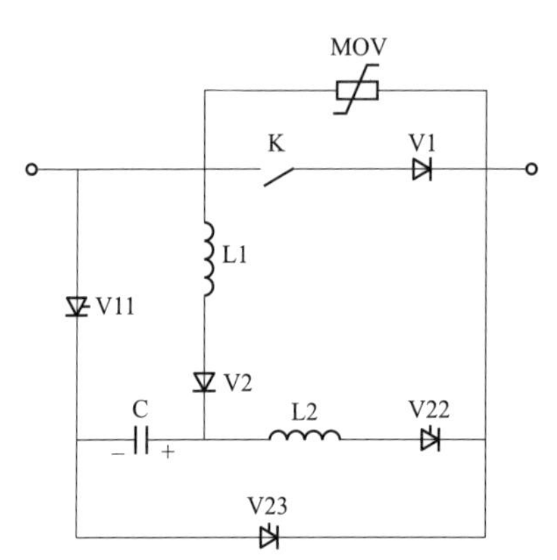

图2－12　半控有源型HCB电路拓扑（一）

其工作原理为：

（1）系统正常运行时，由快速机械开关K和二极管V1导通电流；

（2）HCB右侧发生故障时，电容C中储存的能量通过晶闸管阀 V11、V22释放，注入反向电流将快速机械开关K中的电流转移，从而实现快速机械开关K的无弧分断；

（3）预充电容电压极性反转后，电流将从晶闸管阀V11支路转移至二极管V2所在支路，电容C被旁路；

（4）触发晶闸管阀V23，将晶闸管阀V22中电流转移至晶闸管阀V23中，晶闸管阀V22电流过零后关断；

（5）电容C串入系统中，短路电流对其充电，电容极性再次反转，当其幅值高于MOV动作电压后，MOV动作完成电流开断。

如图2－13所示的有源型HCB拓扑结构，主支路由快速机械开关和反并联晶闸管组成。

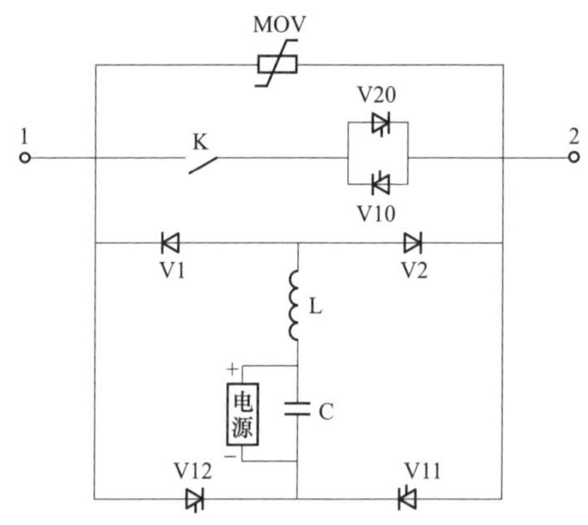

图2－13　半控有源型HCB电路拓扑（二）

其运行原理为：

（1）系统正常运行时，快速机械开关K闭合，反并联晶闸管V20和V10保持触发；

（2）断路器右侧发生故障时，停止晶闸管V20和V10的触发脉冲，触发晶闸

管阀 V12，向快速机械开关支路注入反向电流直至其电流过零，快速机械开关 K 分断；

（3）电容 C 继续经二极管阀 V1 放电，此阶段中，开关断口电压近似为零，不会发生击穿，实现无弧分断；

（4）电容放电结束后，短路电流经电感 L 对电容 C 反向充电，直至达到 MOV 保护水平，电流全部转入 MOV 中被消耗吸收，完成分断。

为降低半控有源型 HCB 中电容的体积，在断路器绝缘水平一定的情况下，只能通过减小电容的方式实现，为此，需要在电容 C 串入短路系统充电之前，快速机械开关 K 已经达到能够承受系统过压的开距，这样电容不再需要控制自身的电压上升速率，在满足其他设计要求的前提下可以尽可能小。基于这种思想，提出如图 2－14 所示的有源型 HCB 拓扑，采用了晶闸管和 IGBT。

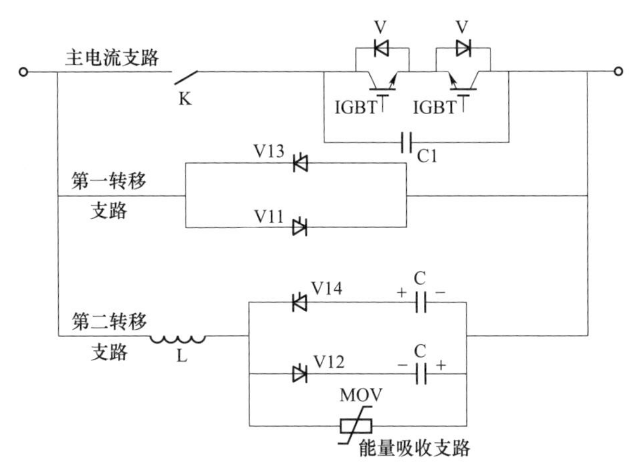

图 2－14　IGBT 和晶闸管半控有源型 HCB 电路拓扑

该拓扑主电流支路由少量的 IGBT 和快速机械开关 K 构成，两串反并联晶闸管阀 V11、V13 构成双向第一转移电流支路，电容、电感和晶闸管构成第二转移电流支路，MOV 构成能量吸收支路。其工作原理为：

（1）系统正常运行时，电流经快速机械开关 K 和 IGBT 导通；

（2）HCB 右侧发生短路故障时，晶闸管阀 V 施加触发信号并关断 IGBT，主支路电流对电容 C1 充电，直至晶闸管阀 V11 导通，电流转移至第一转移电流支路中，通流 2ms，在这段时间内快速机械开关 K 将分断至足够开距；

（3）触发晶闸管阀 V12，使晶闸管阀 V11 中电流转移至第二转移电流支路中，V11 电流过零后并施加足够的反压时间保证其可靠关断后，电容 C 串入短路系统中，系统对电容 C 充电直至 MOV 动作，完成分断。

2.4.2 全控型HCB

1. 基本电路拓扑及工作原理

全控型 HCB 由快速机械开关和固态电力电子电路构成，其基本电路拓扑如图 2–15 所示。

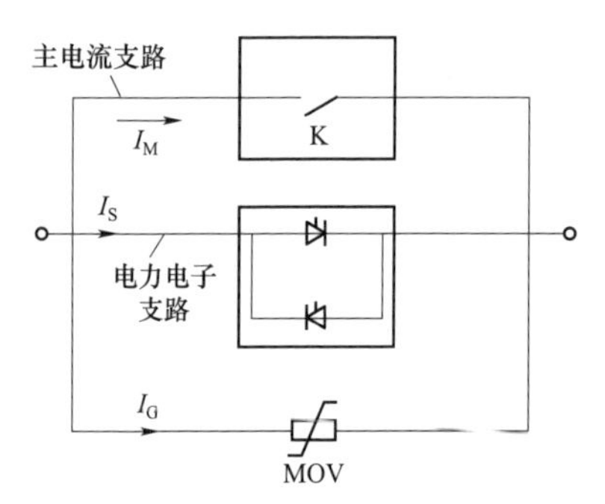

图 2–15 传统全控型 HCB 电路拓扑

电路中的电力电子器件为全控型。正常运行时，快速机械开关 K 承载电流，当故障发生时，快速机械开关 K 断开，与此同时，触发电力电子支路开关，由于快速机械开关 K 分断产生的电弧电压（约 40V）远大于电力电子器件的通态压降，主支路电流开始向电力电子支路转移。当电流换相结束后，电弧熄灭，因此快速机械开关 K 不需要专门的灭弧机构。此过程的换相速度取决于回路间的杂散电感和电力电子器件对电流快速变化的承受能力，回路电感可以通过紧凑的结构设计控制。目前使用的全控型器件可以承受 3kA/μs 的变化速度，因此该换相时间非常短，约几微秒。在快速机械开关 K 恢复阻断电压性能后，关断电力电子开关，快速变化的电流使得断口电压急剧上升，直至 MOV 动作，电流转移至 MOV 支路中，能量被其吸收消耗，完成故障电流开断，关断过程中各支路电流如图 2–16 所示，其中 I_M 为快速机械开关电流，I_S 为电力电子支路电流，I_G 为 MOV 支路电流。

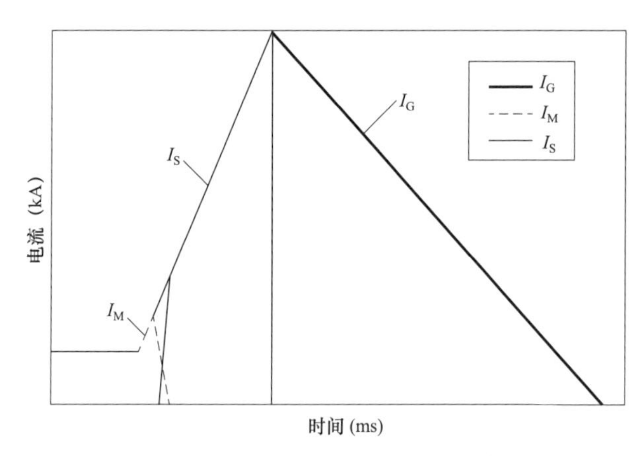

图 2–16 关断过程各支路电流示意图

可以看出，故障发生后直流断路器动作延迟时间越长，所需开断电流的峰值越大。目前，控制系统检测延迟时间约为几十微秒，三个支路间的电流换相

时间基本可以忽略不计，除了提高快速机械开关自身的动作速度，还可以减少等待快速机械开关恢复电压阻断特性的延迟时间。

为实现快速机械开关的无弧分断，消除了开关去游离时间，2005 年有人提出了如图 2-17 所示全控型 HCB 电路拓扑，在主电流支路上与快速机械开关 K 串联一个换流模块，该换流模块由预充电电容、晶闸管和电抗组成。

该电路在主电流支路中引入了辅助换相的电抗器 L、电容器 C 和反向并联晶闸管 V1、V2。正常运行时，主支路电流经电抗器 L 和快速机械开关 K 流通。当发生故障时，触发晶闸管 V1 或 V2，预充电的电容器 C 经电抗器 L 放电，经过电抗器 L 的电流逐渐减小而流经快速机械开关 K 的电流保持不变。当电容器 C 电压极性反转后，触发电力电子支路开关，该支路电流迅速增大，流经快速机械开关 K 的电流减小，进行换相。当电力电子支路电流幅值等于流经快速机械开关 K 的电流幅值时，快速机械开关 K 电流过零，电流全部转移至电力电子支路中，断开快速机械开关 K 将不会产生电弧。随后关断电力电子支路开关，感应电压的增大致使能量吸收支路开通，电流转移至能量吸收支路被消耗，故障切除。

为了降低 HCB 的成本，还提出了一种带阻尼的全控型 HCB，其电路拓扑如图 2-18 所示。

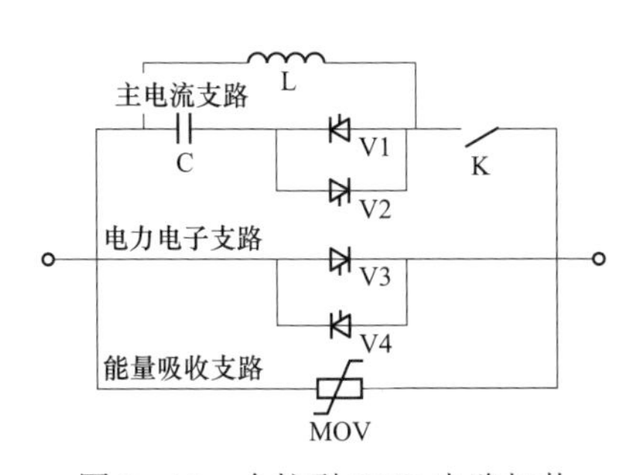

图 2-17　全控型 HCB 电路拓扑

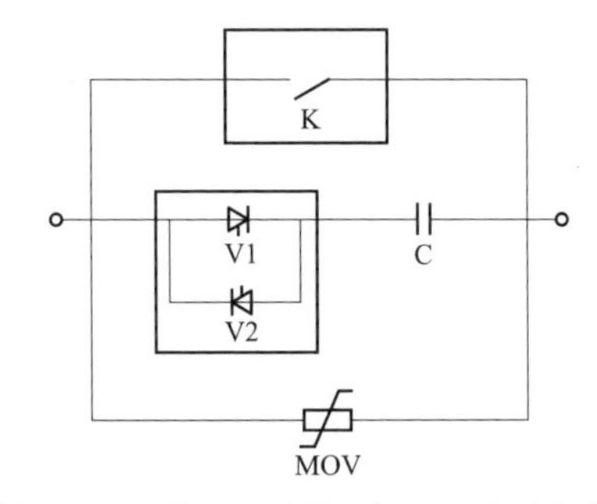

图 2-18　带阻尼全控型 HCB 电路拓扑

K 为快速机械开关，换相回路中电力电子开关为晶闸管，C 为阻尼电容器。正常运行时，电流经快速机械开关 K 流通，故障后，晶闸管 V1 或 V2 触发开通，并分断快速机械开关 K，电流转向电容器支路，持续对其充电。由于电容器电压不能突变，电容器两端电压将会缓慢增长，保证快速机械开关 K 两端电压始终低于其相应开距的起弧电压，实现快速机械开关的无弧分断。当电容器电压达到 MOV 动作水平时，电流转入 MOV 中被消耗，电容电流过零后，晶闸管关断，有效地防止了 MOV 吸收能量过程中振荡现象的发生。电路关断后，可以采用大电阻将电容器两端的电压释放掉。

2. ABB 断路器

2012 年 ABB 公司提出了一种强迫换相的无弧分断 HCB（简称 ABB 断路器）电路拓扑，如图 2－19 所示。电路拓扑包含两部分：① 由快速机械开关 K 和辅助断路器构成的旁路支路，其中辅助断路器由少量 IGBT 正反向串联组成；② 由大量 IGBT 正反向串联构成的主断路器支路，其两端并联有 MOV 组。为实现串联 IGBT 间的动态均压，各 IGBT 两端均并联有缓冲回路，其中 R 为缓冲电阻，V 为缓冲二极管，C 为缓冲电容。ABB 断路器可以通过对多个主断路器串联使用扩展至更高电压等级应用。

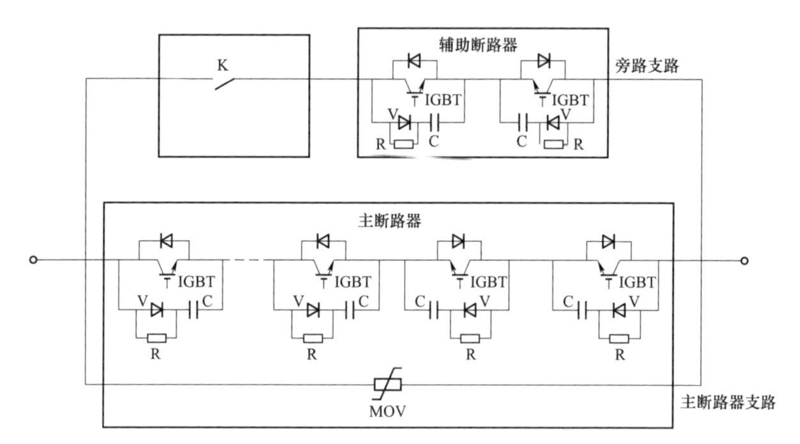

图 2－19　ABB 公司的无弧分断 HCB 电路拓扑

ABB 断路器的分断过程可分为如下 4 个阶段：

（1）旁路支路向主断路器支路换流。当系统正常运行时，电流经快速机械开关 K 和辅助断路器构成的旁路支路流通，如图 2－20 所示。

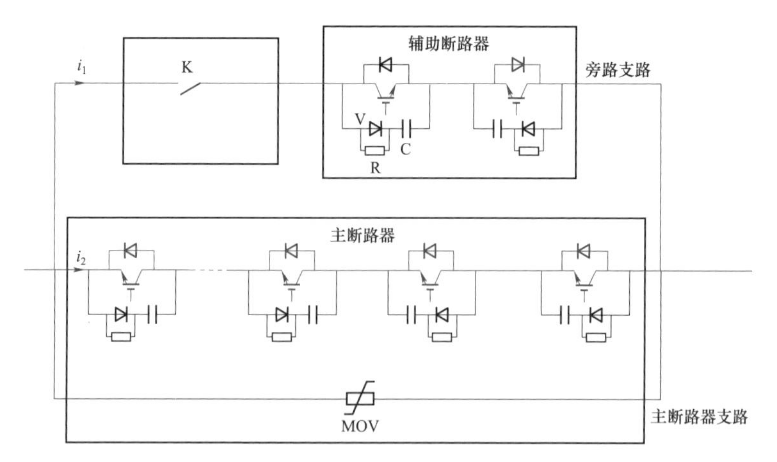

图 2－20　断路器导通负荷电流通路

当系统发生故障后，辅助断路器关断，故障电流换流至 IGBT 的缓冲回路中，对缓冲电容充电，旁路支路电流在缓冲电容 C 电压作用下，强迫向主断路器支路中转移直至过零，如图 2－21 所示。

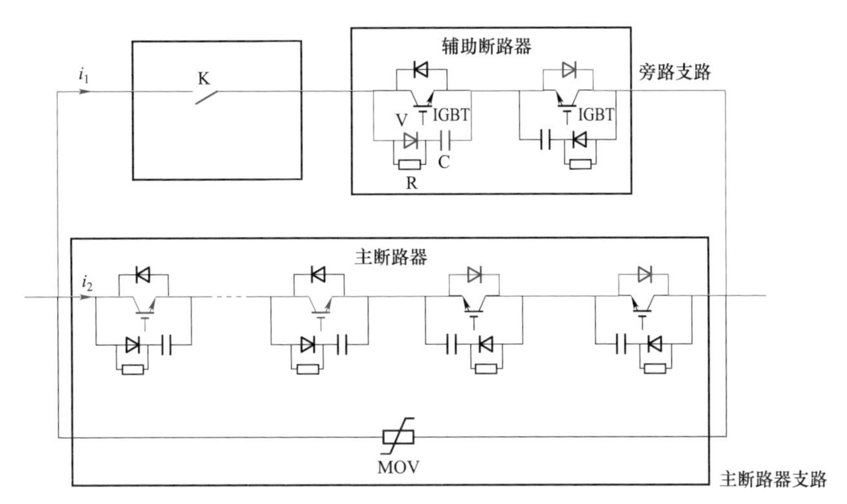

图 2－21　电流从旁路支路向主断路器支路转移的电流通路

（2）快速机械开关 K 分断。当故障电流全部转移至主断路器支路中，流过旁路支路快速机械开关 K 的电流为零，两端电压近似为零，此时打开快速机械开关 K 实现无弧分断，如图 2－22 所示。

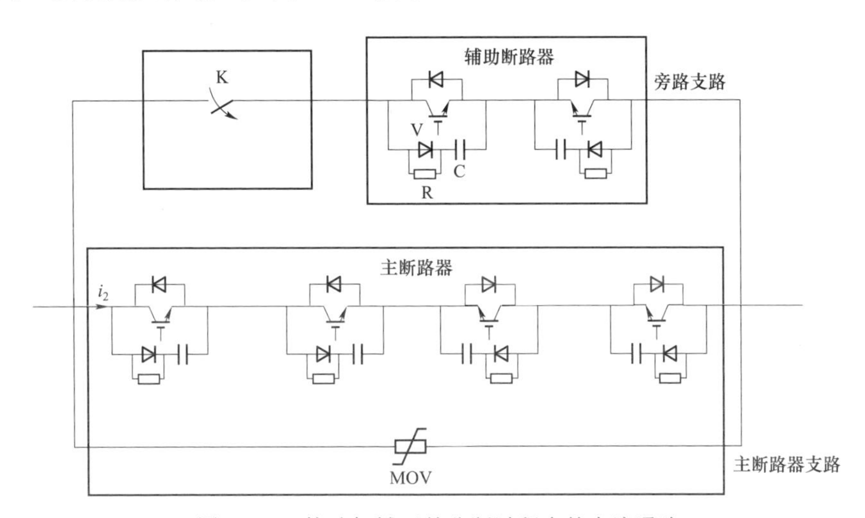

图 2－22　快速机械开关分断过程中的电流通路

（3）主断路器支路 IGBT 电流向缓冲回路换流。

快速机械开关 K 分断后，主断路器支路中 IGBT 关断，IGBT 阻抗增大，IGBT

中电流向其两端并联的缓冲回路转移，IGBT 电流下降，缓冲回路电流上升，经二极管 V 对缓冲电容 C 充电，直至 IGBT 电流下降为零，IGBT 完全关断，故障电流全部注入主断路器缓冲回路中，如图 2－23 所示。

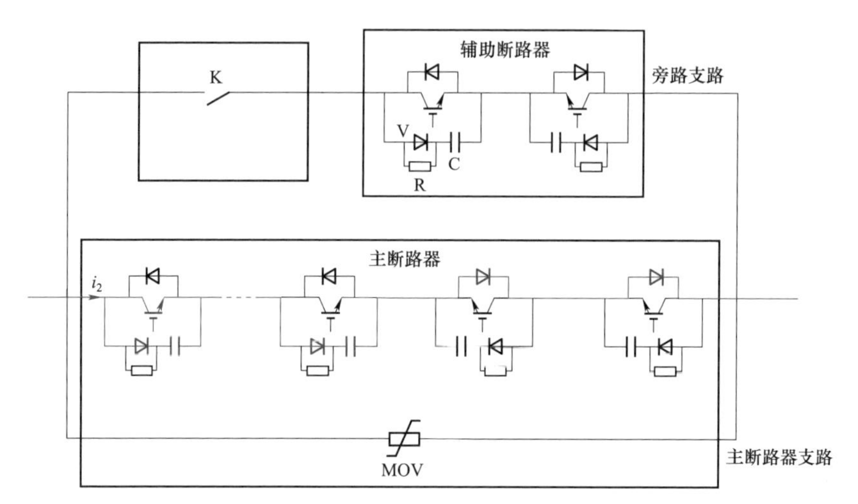

图 2－23　主断路器支路 IGBT 关断完成后的电流通路

（4）主断路器缓冲回路电流向 MOV 转移。故障电流对主断路器缓冲回路中缓冲电容 C 充电，主断路器电压持续上升，直至达到 MOV 动作水平，主断路器缓冲回路电流开始向 MOV 转移；当电压进一步上升达到 MOV 保护水平时，主断路器支路缓冲回路电流全部转移至 MOV 中，MOV 吸收故障系统电感能量，如图 2－24 所示。

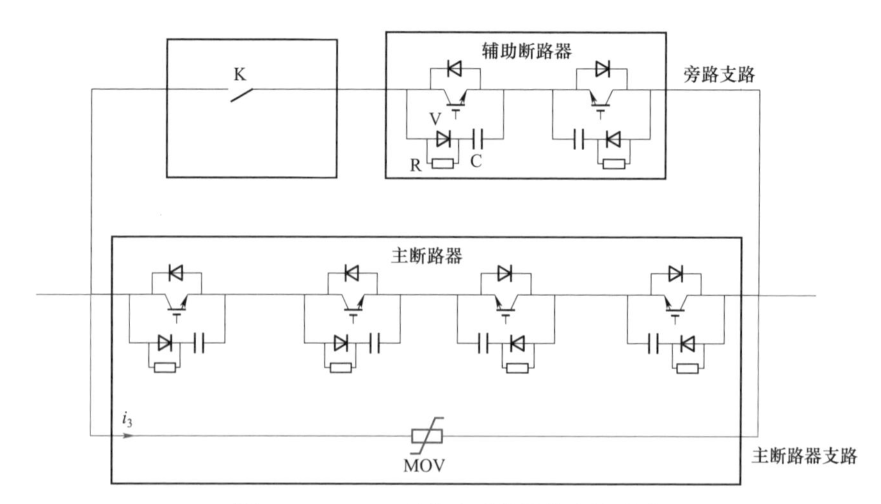

图 2－24　MOV 吸收电感能量的电流通路

通过 ABB 断路器工作原理分析，可以得出其工作过程与联研院所研制的级联全桥直流断路器基本类似，主要差异在于 IGBT 两端的并联电容参数，ABB 断路器为阻尼电容，电容值约为 30μF，而联研院断路器为模块均压电容，电容值为 100μF。电容值的差异，并未影响断路器换流过程和换流机理，只是造成了换流环节中电气应力的变化，主要表现在 ABB 断路器 IGBT 在关断过程中由于电容对电压上升限制能力较弱，产生的损耗相较于联研院断路器更大，断路器暂态分断电压上升速度也更高，建立时间更短。

2012 年研制的 ABB 断路器样机额定电压为 80kV，分断时间为 5ms，分断电流为 8.5kA，暂态分断电压为 120kV。其快速机械开关采用 SF_6 绝缘设计，辅助断路器采用 3 个 IGBT 串联后再 3 组并联的矩阵设计，主断路器由 80 个 4.5kV 压接式 IGBT 串联构成，每个电流方向各含有 40 个 IGBT，其整体结构如图 2－25 所示。

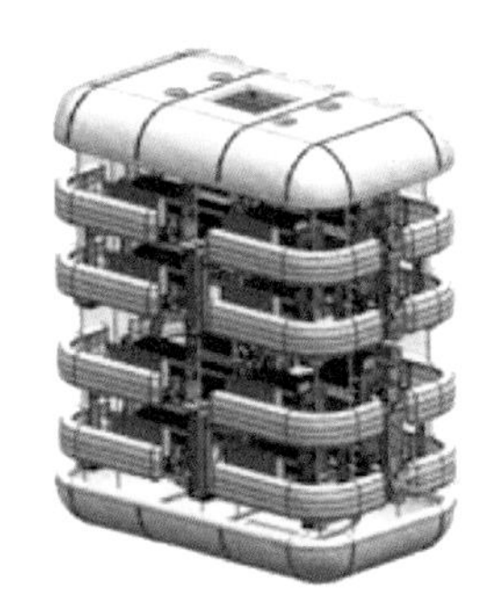

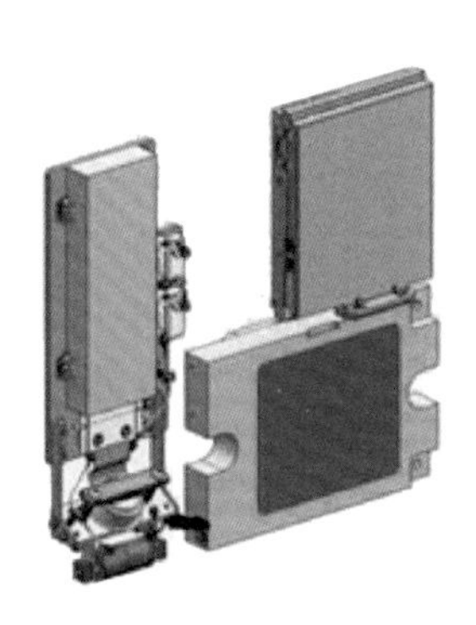

图 2－25　ABB 断路器样机整体及局部结构图

ABB 断路器样机分断电流试验波形如图 2－26 所示。

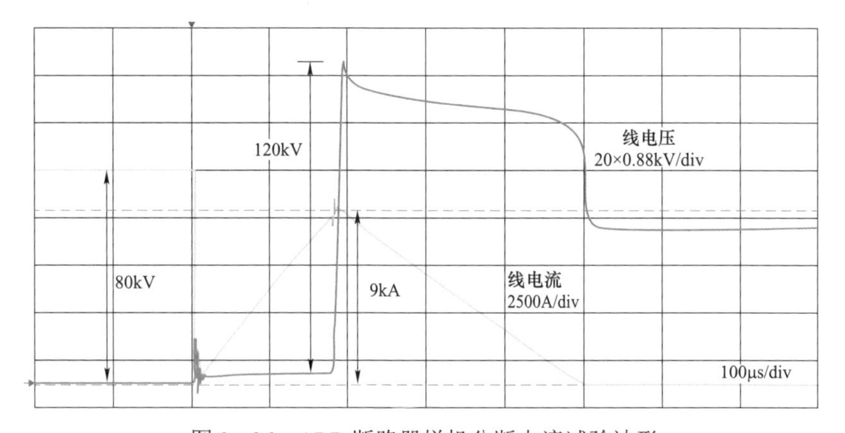

图 2－26　ABB 断路器样机分断电流试验波形

3. 联研院断路器

2014 年，联研院（当时名称为国网智能电网研究院）提出了一种级联全桥 HCB 电路拓扑，如图 2-27 所示，包含主电流支路、转移电流支路和能量吸收支路 3 条并联电路，其中主电流支路由快速机械开关 K 和少量全桥模块（IGBT 或二极管全桥模块）串联构成，用于导通直流系统负荷电流；转移电流支路由多级全桥模块串联构成，用于短时承载直流系统故障电流，并建立暂态分断电压；能量吸收支路（MOV）由多个能量吸收装置组并联构成，用于抑制分断电压和吸收系统感性元件储存能量。下文以 IGBT 全桥模块为例对断路器工作原理进行介绍。

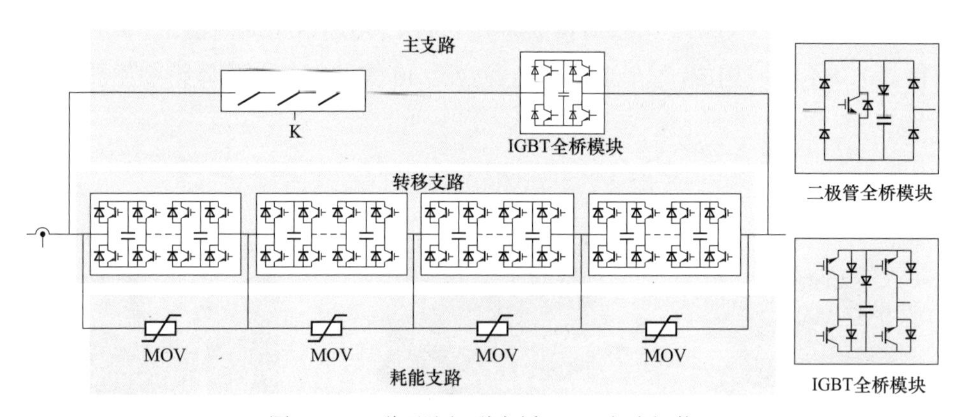

图 2-27　联研院级联全桥 HCB 电路拓扑

IGBT 模块是断路器主电流支路和转移电流支路中半导体组件的基本功能单元，也称为全桥子模块，其拓扑结构如图 2-28 所示。全桥子模块由 4 个带反并联二极管的 IGBT，子模块电容 C 以及放电电阻 R 构成，其中子模块电容 C 大小为 100μF，电阻 R 大小为 50kΩ。电阻 R 用于泄放断路器分断完成后储存于子模块电容中的能量，其放电时间常数为 5s，因此在断路器毫秒级的分断过程中，可以忽略其作用。

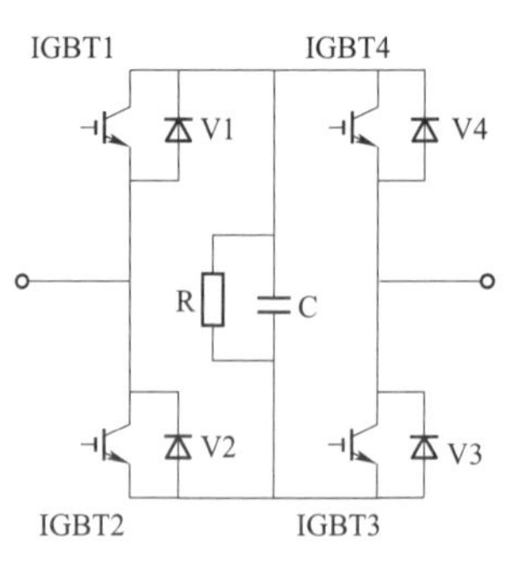

图 2-28　IGBT 全桥子模块拓扑结构

有别于常规应用，全桥子模块所包含的 4 个 IGBT 总保持相同开关状态，即同时导通或闭锁。因此，断路器中全桥子模块只存在 2 种工作状态：导通状态和闭锁状态。

（1）导通状态。当全桥子模块中 4 个 IGBT 都处于导通状态时，全桥子模块处于导通状态。此时，全桥子模块可流通双向电流，如图 2-29 所示。当全桥子模块流通正向电流时，电流分别流经 V1、IGBT4 构成的支路和 IGBT2、V3 构成的支路；当其流通反向电流时，电流分别流经 IGBT1、V4 构成的支路和 V2、IGBT3 构成的支路。可见，全桥子模块通过由 IGBT 和续流二极管构成的两条对称支路实现双向电流导通。

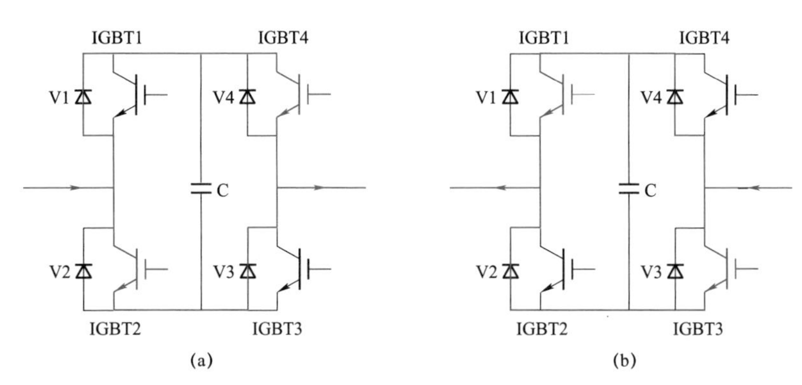

图 2-29 全桥子模块导通状态下的电流通路

（a）导通正向电流；（b）导通反向电流

（2）闭锁状态。当全桥子模块中 4 个 IGBT 都处于闭锁状态时，全桥子模块处于闭锁状态。此时，全桥子模块电容 C 串入电路，流过全桥子模块的电流通过续流二极管对子模块电容 C 充电，如图 2-30 所示。当流过正向电流时，电流流经 V1、V3 对子模块电容 C 充电；当流过反向电流时，电流流经 V2、V4 对子模块电容 C 充电。

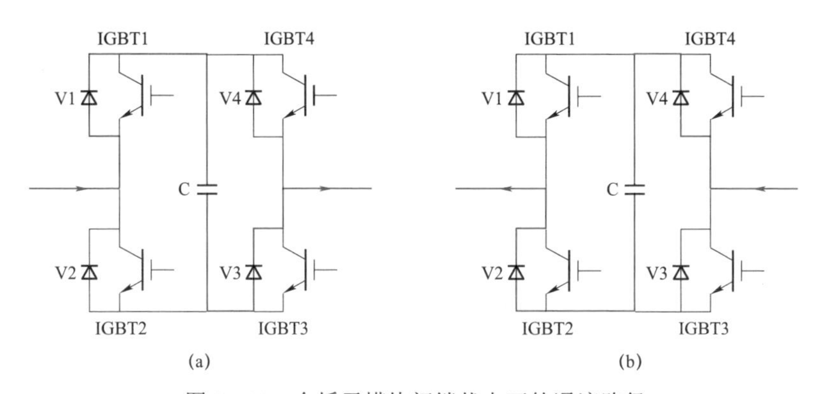

图 2-30 全桥子模块闭锁状态下的通流路径

（a）流过正向电流；（b）流过反向电流

混合式级联全桥直流断路器分断电流的工作过程分为主支路电流转移、快速机械开关分断、暂态分断电压建立和 MOV 吸收能量 4 个阶段。断路器在分断过程中的动作时序，以及各支路电流和整体电压波形如图 2－31 所示。

（1）主支路电流换流阶段（t_0～t_2）。直流系统正常运行时，高压直流断路器主支路的快速开关处于闭合状态，全桥子模块处于导通状态，负荷电流经主支路流通，如图 2－32 所示。

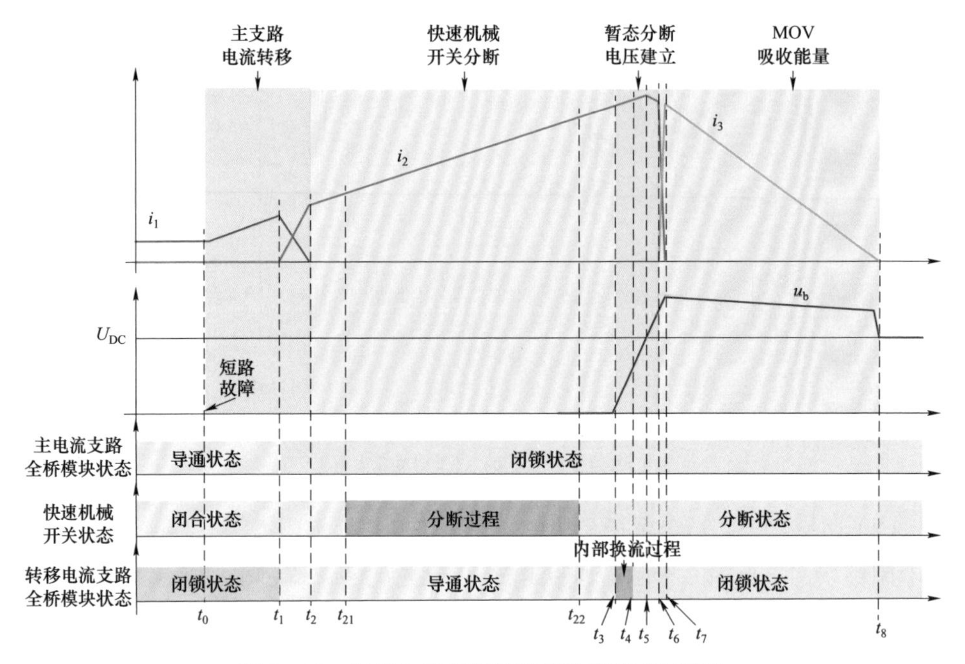

图 2－31　级联全桥直流断路器动作时序及波形

U_{DC}—直流系统额定电压；i_1—主支路电流；i_2—转移支路电流；i_3—MOV 电流；u_b—断路器电压

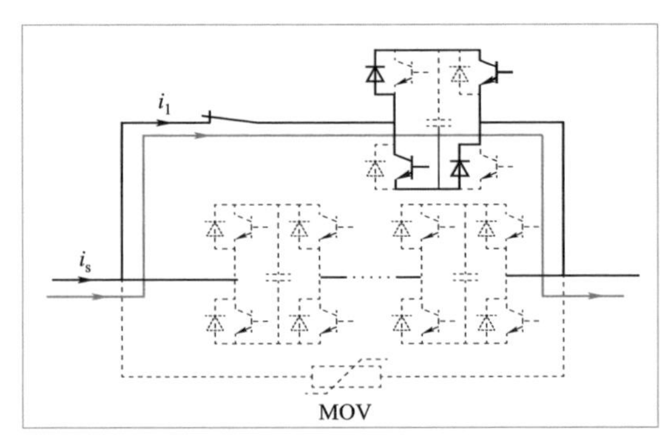

图 2－32　级联全桥直流断路器导通负荷电流经主支路流通的通路

t_0 时刻，直流系统发生故障，故障电流流经断路器主支路。

t_1 时刻，闭锁主支路全桥模块 IGBT，主支路全桥模块将进入闭锁状态；同时触发导通转移支路全桥模块 IGBT，转移支路全桥模块将进入导通状态。由于主支路全桥模块电压升高，将强迫故障电流开始向转移支路转移，主支路电流下降，转移支路电流上升。

t_2时刻，主支路电流下降至零，此时故障电流全部转移至转移支路。

t_1～t_2换流过程中的电流通路如图 2-33 所示，可以等效为主支路全桥模块电容 C1 与换流回路杂散电感 L1（主支路）、L2（转移支路）的并联电路，其中，i_s为系统故障电流，i_1为主支路电流，i_2为转移支路电流。故障电流从主支路向转移支路换流的时间由主支路子模块电容值 C1 和换流回路杂散电感值（L1、L2）决定，电容值、杂散电感值越大，则换流时间越长。因此，在设计中应尽可能减小断路器主支路和转移支路的杂散电感值，缩短换流时间。

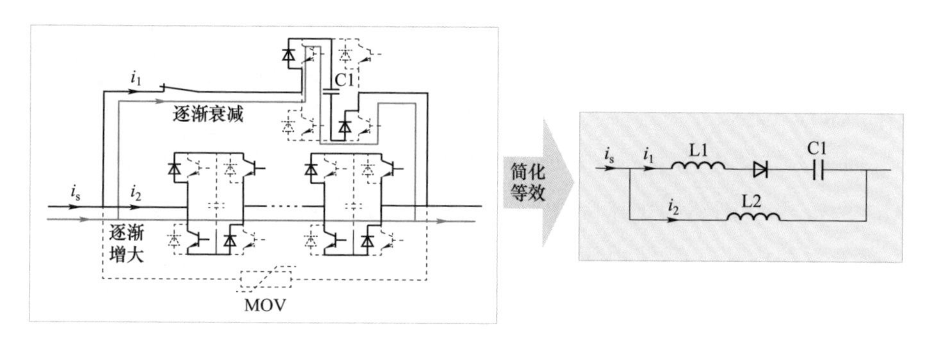

图 2-33　主支路电流换流阶段的电流通路及等效电路

（2）快速机械开关分断阶段（t_2～t_3）。t_2时刻故障电流全部转移至转移支路；$t_2+\Delta t$（Δt为检测延迟时间）时刻启动快速机械开关分闸操作，在快速机械开关分闸过程中保持转移支路导通，实现快速机械开关“零电流、零电压”下的无弧分闸，直到 t_3 时刻快速机械开关的分闸距离达到了额定电压承受要求，分闸完成。快速机械开关分断阶段的电流通路如图 2-34 所示，其中，i_s为系统故障电流。

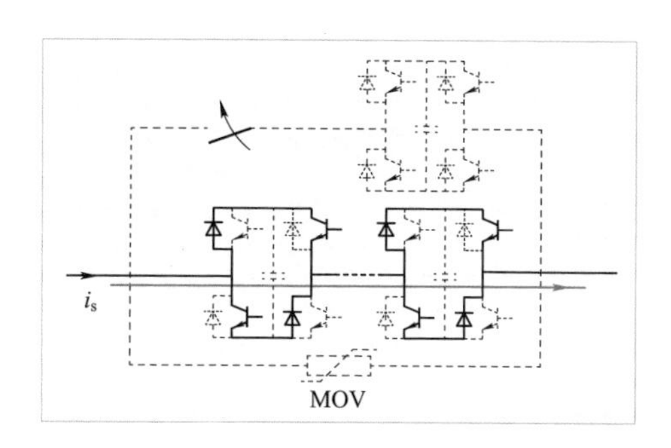

图 2-34　快速机械开关分断阶段的电流通路

（3）暂态关断电压建立阶段（t_3～t_6）。

t_3时刻，快速机械开关完成分闸，转移支路子模块状态正常，此时关断转移支路 IGBT，则转移支路多级串联全桥模块由导通状态向闭锁状态转换，全桥模块开始内部换流，IGBT 电流下降，全桥模块电容电流上升，对全桥模块电容充电。

t_4时刻，IGBT 完全关断，故障电流全部注入转移支路全桥模块电容，转移支路全桥模块处于闭锁状态。

t_4～t_6 阶段，故障电流对转移支路全桥模块电容充电。t_5 时刻，转移支路电容电压超过直流系统电压，故障电流开始下降。

（4）MOV 吸收能量阶段（t_6～t_8）。

t_6时刻，转移支路电压上升至 MOV 动作水平，MOV 动作，转移支路电流开始向 MOV 转移。

t_7时刻，转移支路电压上升至 MOV 保护水平，此时转移支路电流全部转移至 MOV 中，并将断路器电压限制为直流系统额定电压的 1.4～1.6 倍，由于 MOV 电压高于系统电压，系统电压开始逐渐衰减，在 t_8时刻衰减至零，如图 2－35 所示。

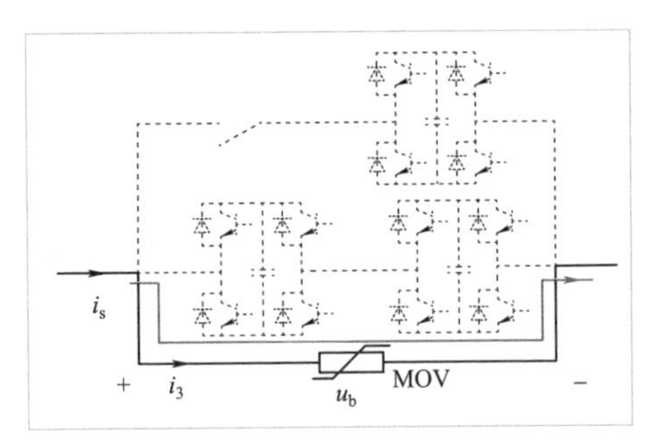

图 2－35　MOV 吸收能量阶段断路器的电流通路

HCB 正常工作时由快速机械开关承载电流，故障时由电力电子开关分断电流，通态损耗低，动作时间短，结合了传统 MCB 与 SSCB 的优点，然而在技术上却面临着如何实现全控器件的串、并联问题，除此以外，为实现断路器快速分断同样需要研制具备快速动作能力的快速机械开关。HCB 整体控制策略和保护也是需要重点研究的问题。

3

高压直流断路器电气设计

3.1 概述

与传统两端直流输电工程相比，直流电网运行工况更加丰富，系统故障类型更多，控制保护系统作用叠加，电磁暂态过程更为复杂。高压直流断路器在直流电网中清除故障，面临着电流的高上升速度带来的高幅值切断电流、快速开断带来的威胁断路器自身安全的高过电压、系统巨额能量耗散等一系列挑战。直流系统中的混合式直流断路器结构示意图如图 3－1 所示。

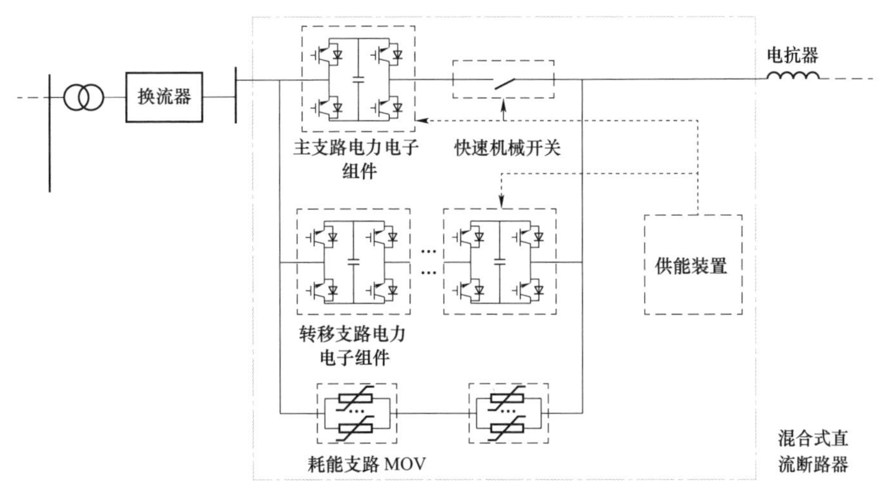

图 3－1　直流系统中的混合式直流断路器结构示意图

高压直流断路器的电气设计是对断路器各个关键组部件的电气参数、特性进行设计，它是断路器设计的基础，决定了断路器的基本电气性能。首先对断路器的电气应力进行详细的分析和提取，获得断路器在系统中全工况下的电气性能要求，然后将所提取的应力按照时间和空间分解，获得各个关键组部件的电气应力。

本章以全桥级联混合式直流断路器为例，对其在柔性直流电网中的应力进行分析提取，根据所提取应力对主支路电力电子开关、转移支路电力电子开关、快速机械开关、高电位供能装置、能量吸收支路 MOV 等关键组部件开展相应的电气设计。

3.2 直流断路器电压、电流分析

3.2.1 开断电压、电流分析

直流断路器在开断且柔性直流系统带电工况下，直流断路器两端承受系统最高运行电压一般不超过额定电压的 1.1 倍，分别由快速机械开关、转移支路电力电子开关、能量吸收支路 MOV 承担，各支路仅有因压差产生的漏电流流过。

3.2.2 关合电压、电流分析

直流断路器关合过程中，转移支路导通，若电流判定不超过保护定值，快速机械开关闭合，主支路电力电子开关导通，电流转移至主支路，断路器各部件承受系统额定电流；若电流判定超过保护定值，考虑保护延迟，转移支路承受系统短路电流，此过程中主支路和能量吸收支路承受转移支路导通电压，典型的电流波形如图 3－2 所示。

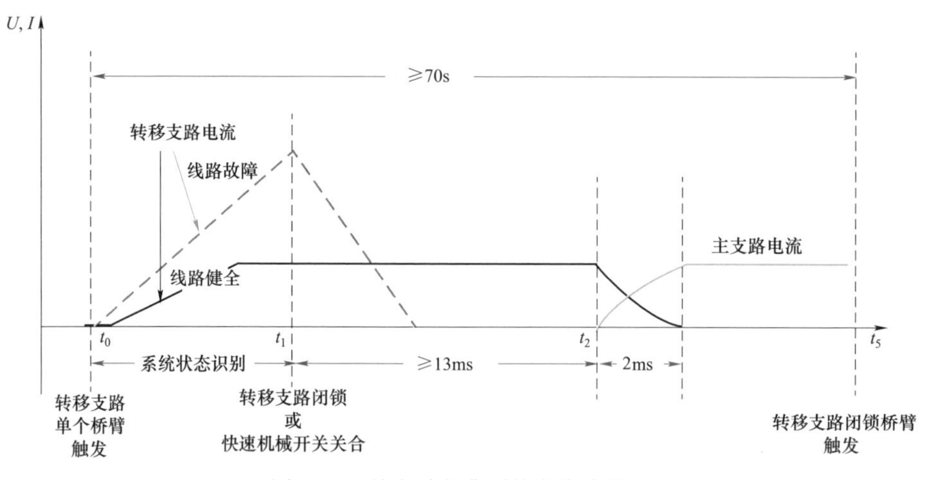

图 3－2　关合过程典型的电流波形图

3.2.3 导通电压、电流分析

直流断路器导通，快速机械开关闭合，电力电子开关处于导通状态，电流

经主支路流通。直流断路器最大稳态电流为系统过负荷电流，一般不超过系统额定电流 1.1 倍，快速机械开关以及主支路电力电子开关共同承受该电流，转移支路和能量吸收支路无电流流过，该工况下直流断路器端间承受电压为主支路通态电压。

3.2.4 开断电压、电流分析

直流断路器开断电流过程中各支路电流、电压波形如图 3-3 所示。直流断路器开断电流变化过程可分为以下 5 个阶段。

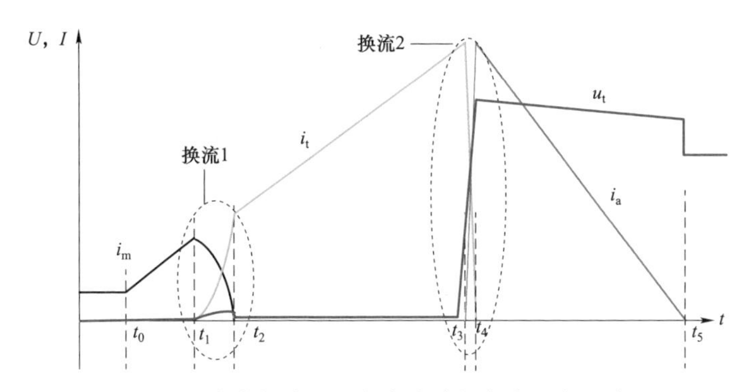

图 3-3 直流断路器开断电流过程电流、电压波形

i_m—主支路电流；i_t—转移支路电流；i_a—能量吸收支路电流；u_t—暂态分断电压

（1）主支路导通阶段（t_0～t_1）。t_0 时刻，系统发生短路故障。电流经主支路流通，快速机械开关、主支路电力电子开关承受导通电流，导通电流不低于主支路过流保护定值。此阶段转移支路及能量吸收支路均无电流流过，且两端承受主支路通态电压。

（2）电流转移阶段（t_1～t_2）。断路器收到开断命令，闭锁主支路（t_1 时刻），快速机械开关保持闭合，电流开始向转移支路转移，转移支路保持导通状态，直至主支路电流过零（t_2 时刻），该阶段持续时间不超过 300μs，换流过程的典型电流、电压波形如图 3-4 所示。

（3）快速机械开关分闸阶段（t_2～t_3）。主支路电流过零后，快速机械开关开始分闸，直至快速机械开关断口产生足够开距后，闭锁转移支路（t_3 时刻）。此阶段系统电流经转移支路流通，快速机械开关、能量吸收支路承受转移支路通态电压。

（4）能量吸收支路 MOV 动作阶段（t_2～t_4）。转移支路闭锁后，电流经模块电容流通，转移支路建立的暂态电压超过 MOV 动作电压后，电流由转移支路逐渐向能量吸收支路 MOV 转移，直至转移支路电流过零（t_4时刻）。此阶段转移支路、能量吸收支路 MOV 承受系统短路电流峰值，快速机械开关承受最大暂态分断电压。

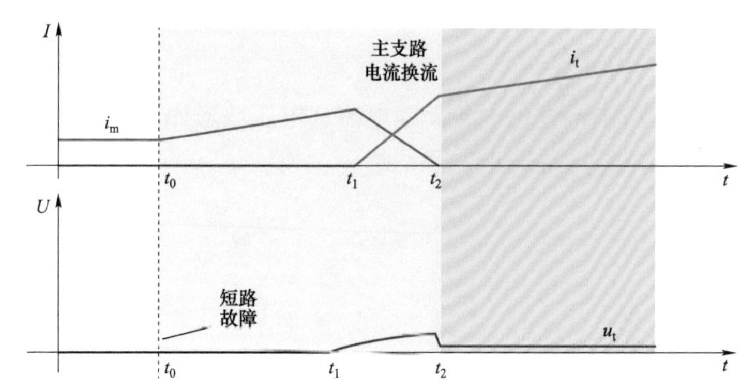

图 3－4　换流过程典型的电流、电压波形图

i_m—主支路电流；i_t—转移支路电流；u_t—暂态分断电压

（5）MOV 电流衰减阶段（t_3～t_5）。故障电流转移至能量吸收支路 MOV 后，因断路器所建立暂态电压、电流逐渐衰减至零，MOV 在该过程中吸收系统剩余能量，该过程中快速机械开关承受断路器端间电压。MOV 电流过零后，断路器端间承受直流系统电压，该阶段电流、电压典型波形如图 3－5 所示。

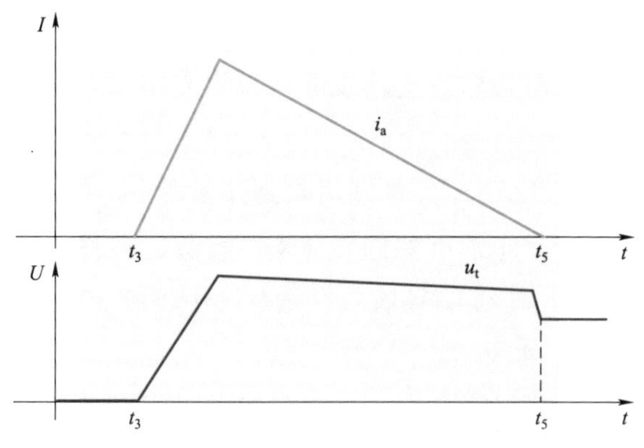

图 3－5　MOV 电流、电压波形图

i_a—能量吸收支路电路；u_t—暂态分断电压

根据断路器开断电流过程中各个阶段电压、电流分析，直流断路器主支路电力电子开关、快速机械开关和转移支路电力电子开关、能量吸收支路 MOV 等关键组部件主要电流、电压波形如图 3－6 所示。

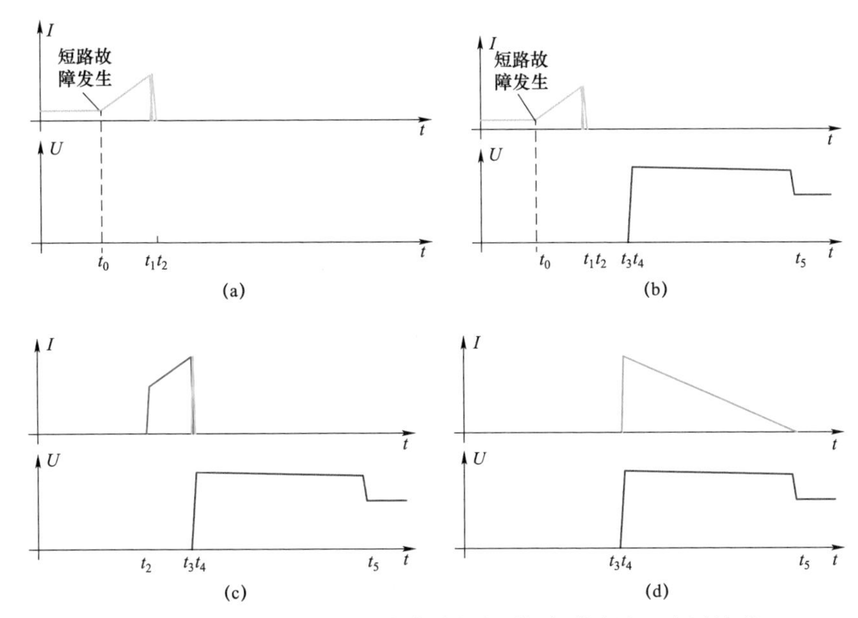

图 3-6　直流断路器开断电流过程主要组部件电流、电压波形

（a）主支路电力电子开关；（b）主支路快速机械开关；

（c）转移支路电力电子开关；（d）能量吸收支路 MOV

3.2.5　快速重合闸电压、电流分析

针对直流系统发生的，如雷击等瞬时性故障，直流断路器需具备快速重合闸及再次开断电流能力。直流断路器单次开断电流间隔一定时间（取决于系统）后快速重合，重合原理与断路器关合原理相同，转移支路承受电流峰值为过电流保护定值。

重合成功后主支路承受电流不超过稳态导通负荷电流；重合于故障再次开断，转移支路与能量吸收支路电流不超过单次开断最大电流。

直流断路器快速重合闸工况下电流、电压波形如图 3-7 所示。

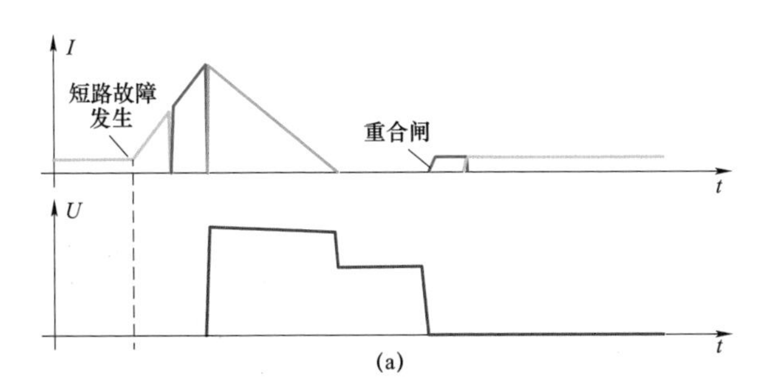

图 3-7　直流断路器快速重合闸电流、电压波形（一）

（a）重合于非故障情况

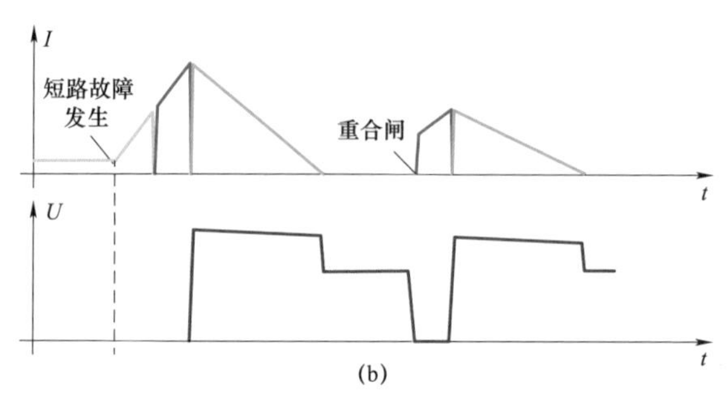

图 3-7　直流断路器快速重合闸电流、电压波形（二）

（b）重合于故障情况

3.3　主支路电力电子开关设计

直流断路器主支路电力电子开关主要用于导通暂、稳态电流，转移电流以及承受短时电流，综合考虑断路器导通负荷电流、承受短时电流、转移电流及电力电子开关异常等工况，结合结构设计需求及可靠性等因素开展设计。

3.3.1　器件选型及模块并联数设计

全桥模块并联数决定了主支路电力电子开关的过电流能力，以及 IGBT 在各种电流工况下的结温及结温裕度。

对于全控型半导体组件，其核心器件主要是 IGBT，IGBT 有压接型和焊接型两种典型的技术路线。由于压接型 IGBT 击穿后可保持可靠短路，而焊接型 IGBT 击穿后一般是开路，因此压接型 IGBT 更适用于断路器的应用。目前直流断路器一般采用压接型 IGBT。主支路 IGBT 需采用通流能力强、热容量大的压接型器件。压接型 IGBT 有以 ABB 公司为代表和以东芝公司为代表的压接型 IGBT 两种技术路线（如图 3-8、图 3-9 所示）。

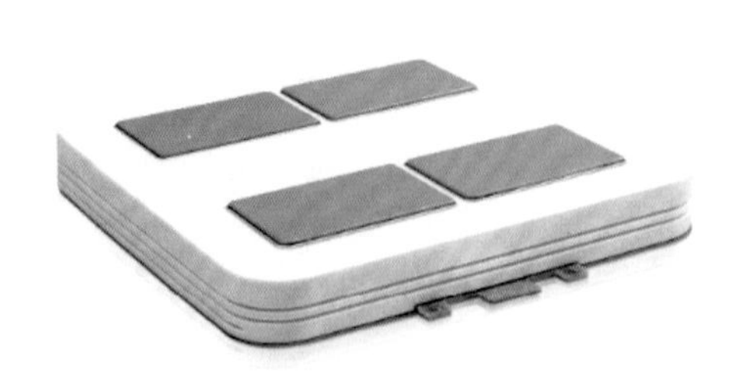

图 3-8　ABB 公司压接型 IGBT

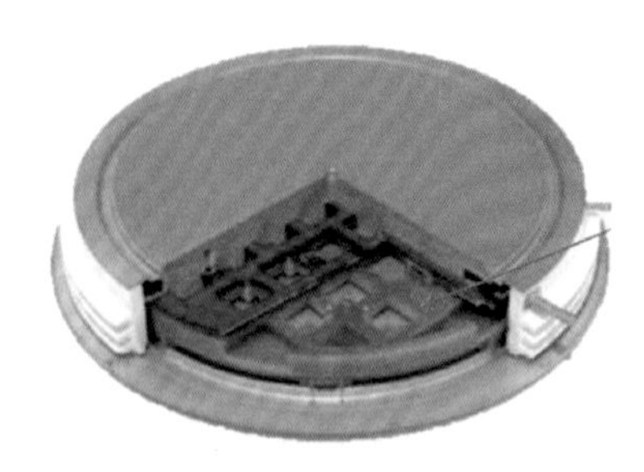

图 3-9　东芝公司圆饼式压接型 IGBT

基于器件的并联设计应考虑长时电流承受及温升要求，配合旁路快速机械开关应满足承受短时电流及结温要求，以及所有工况下 IGBT 结温不超过器件安全运行结温的要求。

3.3.2　全桥模块串联数及电容器设计

全桥模块串联数决定了主支路电力电子开关两端电压承受能力及电流转移时间。

模块电容在主支路转移电流工况下，用于抑制模块电压峰值和平衡模块间电压。

主支路电流转移过程中，电流转移时间不宜过长，且电容设计需控制杂散电感影响的模块电压峰值，以及实现模块间良好的动态均压效果。

3.3.3　旁路快速机械开关设计

主支路电力电子开关中的全桥模块单元需配置一个旁路快速机械开关，其作用为：① 在断路器正常通流工况下将发生故障的全桥模块单元旁路；② 在断路器拒动工况下将主支路全桥模块全部旁路以承受短时电流。旁路快速机械开关应能承受主支路各种电流、电压。

3.4　转移支路电力电子开关电气设计

转移支路电力电子开关主要用于故障电流开断，设计中应充分考虑转移支路承受不同工况下来自系统外部和断路器自身内部故障下的暂、稳态电热应力，转移支路电力电子开关串联暂、稳态均压，非线性元件对电压分布不均衡的影响，以及设备运行可靠性等因素，确定转移支路电力电子开关串联级数设计、模块器件选型设计、模块电容器设计。

3.4.1　串联级数设计

转移支路电力电子开关为多个子单元模块串联拓扑结构，如图 3－10 所示。串联级数设计应考虑如下因素：

（1）暂态过电压（由 MOV 保护水平和内部杂散电感引起的感应电压共同决定）；

（2）各种工况下转移支路端对端直流电压、操作冲击电压、雷电冲击电压；

（3）保证 IGBT 最高使用电压不超过 3.6kV；

（4）满足招标规范要求的设计冗余度。

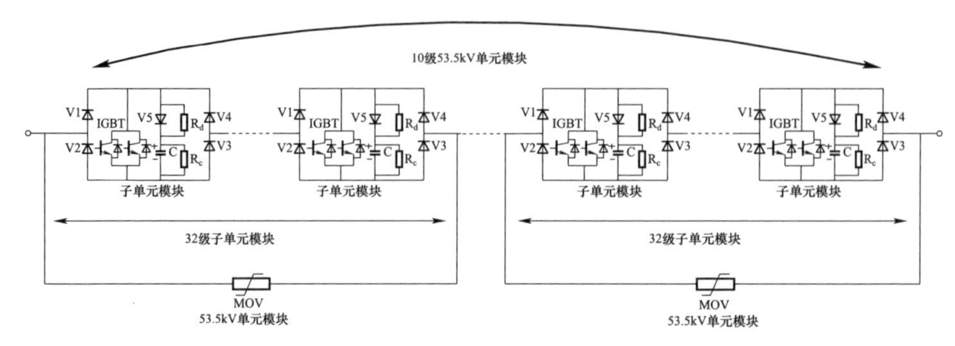

图 3－10　转移支路电力电子开关拓扑结构

3.4.2　模块器件选型设计

子单元模块拓扑如图 3－11 所示，可见核心半导体器件为 IGBT 和二极管。

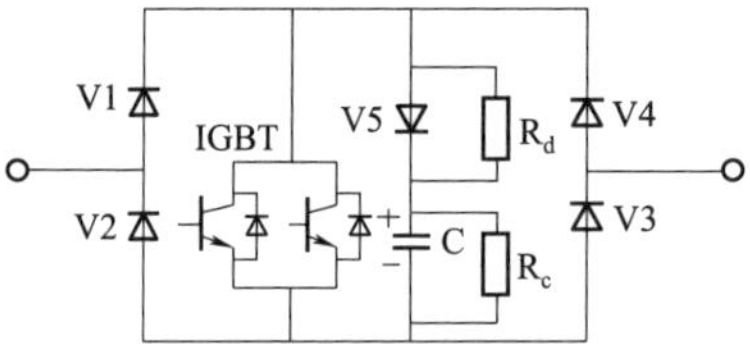

图 3－11　子单元模块拓扑

根据转移支路电力电子开关电气分析，IGBT 选型需要综合考虑以下性能：① 大电流关断能力；② 承受高电压能力；③ 故障后失效模式为短路模式。

如图 3－12 所示为 4.5kV/3kA 的压接型 IGBT 关断电流及均流测试波形图。它具有关断 15kA 电流的能力。影响 IGBT 并联均流的 4 个方面是结构、磁场、驱动电路和器件内部参数。从器件内部参数的影响入手，经原理分析、数学建模仿真和物理试验测试，并通过对磁场的分析、结构对称设计以及驱动电路的优化，实现并联 IGBT 不均流度为 2.3%。

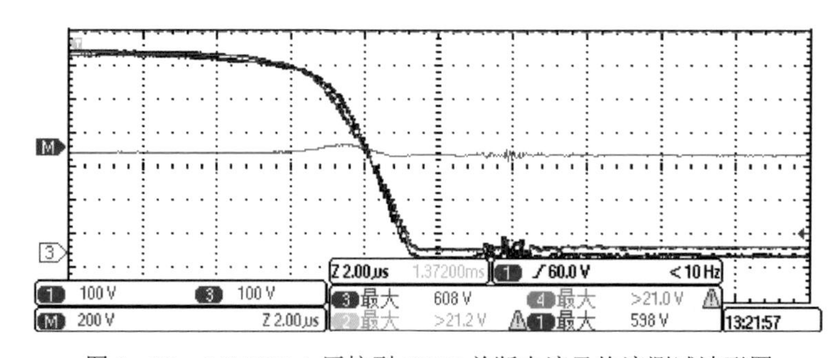

图 3－12　4.5kV/3kA 压接型 IGBT 关断电流及均流测试波形图

根据转移支路电力电子开关电气分析，二极管承受的最大电流、电压与 IGBT 相同，选型需要综合考虑以下性能：① 大电流浪涌承受能力；② 快速恢复及承受反向恢复电压能力；③ 故障后失效模式为短路模式。

图 3－13 所示为 4.5kV/2.6kA 快速恢复压接型二极管，经测试验证，二极管单管具有导通 25kA/3.6ms 方波电流及可靠承受反向电压能力。

图 3－13 4.5kV/2.6kA 快速恢复压接型二极管

3.4.3 模块电容器设计

模块电容器动态均压原理图如图 3－14 所示，根据子模块电容器的工作原理分析，其主要作用如下：

（1）抑制 IGBT 关断时集电极和发射极端间峰值电压，实现 IGBT 软关断，降低关断损耗，进而降低器件温升，子单元模块关断电压、电流波形如图 3－15 所示。

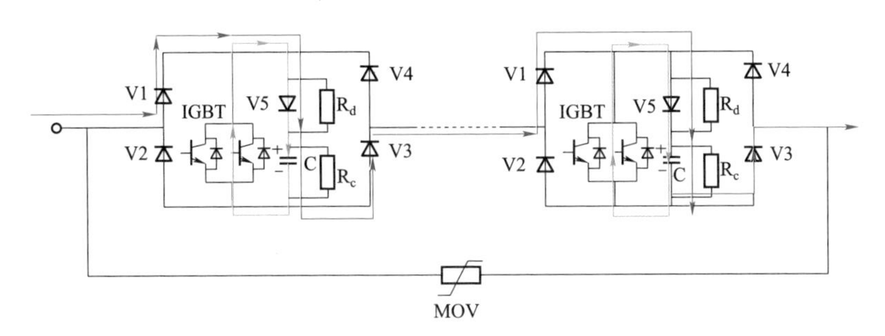

图 3－14 模块电容器动态均压原理图

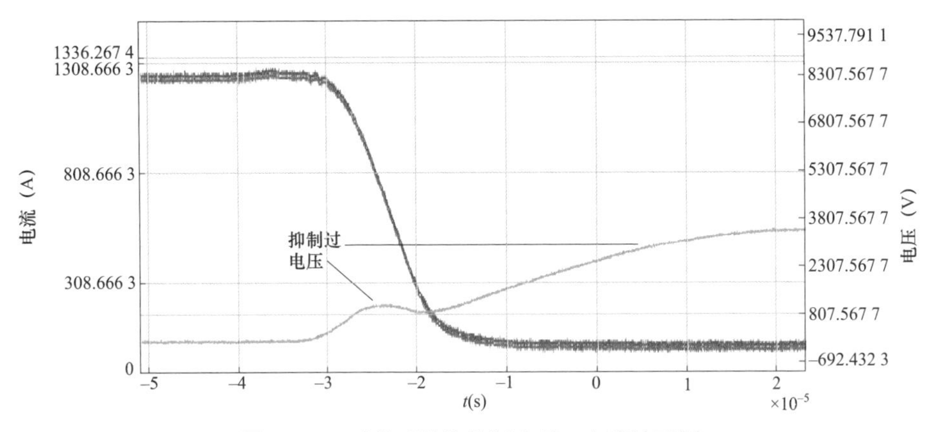

图 3－15 子单元模块关断电压、电流波形图

（2）实现串联模块间电压均衡。

3.5 直流断路器快速机械开关设计

快速机械开关作为直流断路器快速分断和隔离电压的核心零部件，其动作时间、断口绝缘直接决定了直流断路器的总体分断时间和隔离电压等级。直流断路器整体分断时间为3ms，则快速机械开关需要在2ms内完成分断，并建立起满足直流断路器分断过电压要求的断口绝缘。

快速机械开关分、合闸时为零电压、零电流，分闸过程中的电压、电流波形如图3－16所示。其中，t_1时刻，快速机械开关正常闭合；t_2时刻，故障发生；t_3时刻，快速机械开关开始分闸；t_4时刻，快速机械开关完成开断，开始承受最大分断过电压1.6（标幺值）；t_5时刻，快速机械开关承受的过电压开始降低；t_6时刻，快速机械开关承受系统稳态电压1（标幺值）。

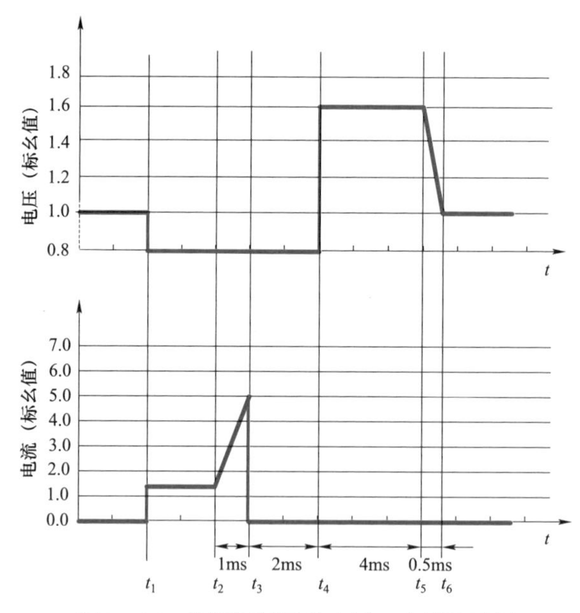

图3－16 快速机械开关电压、电流波形图

3.5.1 快速机械开关技术方案

1．快速机械开关工作原理

快速机械开关需在2ms时间内分断并达到绝缘开距，这对操动机构提出了更快的驱动速度和更高的驱动可靠性要求。传统交流系统中的机械式高压断路

器采用弹簧机构或液压机构，分断时间达数十毫秒，无法满足快速机械开关应用要求。通过研究试验，采用具有结构简单、初始速度快等优点的电磁斥力机构作为快速机械开关的操动机构，结合分断时间短、绝缘强度高等开关特性要求，采用真空灭弧室作为绝缘本体设计。

电磁斥力操动机构的结构和工作原理如图 3－17 所示，该机构上固定有两个线圈，分别为分闸线圈和合闸线圈，金属盘、开关动触头和绝缘拉杆固定连接，可以随着绝缘拉杆上下联动。开关进行分闸操作时，导通开关 S，储能电容 C 通过分闸线圈放电，分闸线圈中流过持续几个毫秒的脉冲电流，该电流在金属盘中感应出与线圈电流方向相反的涡流，从而产生斥力，驱动金属盘带动绝缘拉杆以及开关动触头运动，实现分闸操作；合闸过程与分闸过程类似。由于电磁斥力操动机构中合、分闸线圈的电感很小，加上其结构简单、零部件较少，其反应速度很快。但是随着金属盘和线圈距离的增加，电磁力会迅速衰减，所以电磁斥力操动机构适用于行程较短的开关。

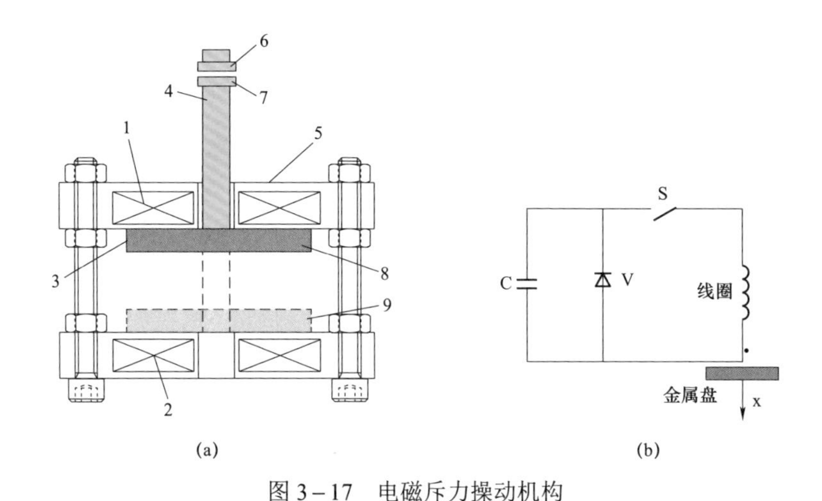

图 3－17　电磁斥力操动机构

（a）结构图；（b）工作原理图

1—分闸线圈；2—合闸线圈；3—金属盘；4—绝缘拉杆；5—绝缘支架；6—开关静触头；7—开关动触头；8—合闸位置；9—分闸位置

2. 电磁斥力机构优化

电磁斥力机构的作用过程是一个典型的电路、磁场、运动的强耦合过程。从实际物理过程来看，电磁斥力机构在电路上遵循电压平衡方程，在运动上遵循牛顿运动方程，在磁场上遵守麦克斯韦方程，这些方程之间相互联系，构成了描述机构动态特性的方程组。具体来说，斥力机构放电电路主要由储能电容器电容、预充电电压、线圈系统等效阻抗等参数决定；而斥力机构的场能量做功过程是从储能电容器中的电场能量到线圈磁场能量再到线圈动能的转换过程。上述两种过程中线圈等效阻抗参数与场能量转换过程通过“线圈—斥力盘”系统耦合在一起，所以难以单纯调整一种因素而不引起另一种因素的变化。为实现上述两种因素的解耦，从优化斥力机构运动和能量转换过程入手开展解耦研究。

（1）场的优化。

采用“线圈—线圈”型驱动单元代替“线圈—斥力盘”型驱动单元开展优化。通过有限元仿真及相关试验表明，前者的优化理论结果可推广至后者应用。“线圈—线圈”型斥力机构驱动线圈结构示意图如图 3－18 所示。设固定线圈、可动线圈尺寸完全相同。

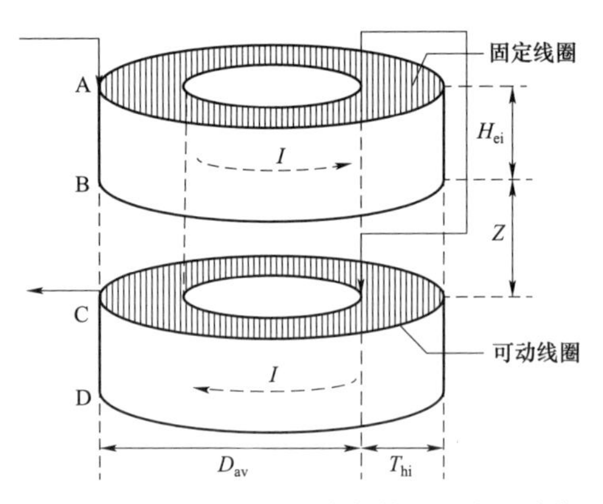

图 3－18 “线圈—线圈”型斥力机构驱动线圈结构示意图

D_{av}—线圈平均直径；H_{ei}—线圈高度；Z—固定线圈与可动线圈初始间距；T_{hi}—线圈厚度；I—线圈电流

电磁斥力机构运动主要取决于线圈—线圈或线圈—斥力盘间的驱动力，机构电磁斥力为

$$F = I^2 \frac{\mathrm{d}M}{\mathrm{d}Z} \tag{3-1}$$

式中：M 为线圈互感。

对于图 3－18 中线圈 AB、CD，定义线圈外形比例系数 α 、β 为

$$\begin{cases} \alpha = H_{ei} / D_{av} \\ \beta = T_{hi} / D_{av} \end{cases} \tag{3-2}$$

则在斥力机构固定、可动线圈的常规设计比例范围内，借助经典电感计算结果，可拟合出线圈电感 L 计算公式，即

$$L = 0.352\mu_0 D_{av}\alpha^{-0.2065}\beta^{-0.4317}N^2 \tag{3-3}$$

式中：μ_0为空气磁导率；N为计算线圈匝数。

两线圈间互感为

$$M = \frac{1}{2}(L_{AD}+L_{BC}-L_{AC}-L_{BD}) \tag{3-4}$$

式中：L_{AD}、L_{BC}、L_{AC}、L_{BD}分别为线圈或虚拟线圈段 AD、BC、AC、BD 的自感。

忽略电阻影响，假设斥力机构线圈放电过程为基本的单频 LC 振荡，其中，振荡电容为供能电容器组，“线圈—线圈”型斥力机构驱动装置两个线圈耦合后的振荡电感等效电感为

$$L_{eq}=2(L-M) \tag{3-5}$$

受质量惯性以及开关保持力的影响，可认为电磁斥力机构在斥力达到最大前几乎没有运动，即位移可忽略。因此在求最大电磁斥力时，互感对位移的导数可以用 $Z=0$ 时刻的值来替代

$$\frac{\partial M}{\partial Z}\Big|_{Z=0} = -0.1684\mu_0\alpha^{-1.2065}\beta^{-0.4317}N^2 \tag{3-6}$$

忽略电阻损耗，线圈中流过的电流峰值 I_m 为

$$\begin{gathered} I_m = U_0\sqrt{C/L_{eq}} \\ \text{则 } A = I_m/J_m = D_{av}^2\alpha\beta/N \end{gathered} \tag{3-7}$$

式中：U_0为电容器初始电压；C为电容器电容值；A为线圈导线截面积；J_m为电流密度峰值。

根据耦合等效电感的计算方法，联立式（3-1）～式（3-7）可得，线圈间斥力峰值表达式为

$$F_{max} = -1.12\mu_0^{0.2}(CU_0^2)^{0.8}J_m^{0.4}\alpha^{-0.6413}\beta^{0.3137} \tag{3-8}$$

由式（3-3）～式（3-5）可知，线圈间等效阻抗与线圈内外径、厚度、匝数、线圈间相对位置等参数决定。通过上述参数中某几个的协调调节，必然可以在调整线圈尺寸、比例的前提下，保证 L_{eq} 不变，同时保证电流密度不变，则放电电流波形可认为恒定不变；若同时令储能电容器电容值和预充电电压不变，则式（3-8）中 μ_0 项、J_m 项都为常数，于是决定斥力峰值大小的因素为α和β。即上述过程可排除其他电气参数的影响，仅考虑线圈外形比例对场能量转化过程中斥力做功的影响。

依据前述 LC 振荡的假设，线圈间斥力 F 可简化为以 F_{max} 为峰值的近似正

弦振荡，且 F 波形曲线与电流 I 曲线相似。则可知在上述假设下峰值电流 I_m 大小决定斥力线圈的驱动做功能力。于是依据式（3-8），定义在电气参数变化的前提下的斥力机构场能量转换系数 k_f 为

$$k_f = G(\alpha, \beta) = \alpha^{-0.6413}\beta^{0.3137} \tag{3-9}$$

k_f是在电路参数相同的前提下，反映线圈外形比例与“线圈—线圈”型斥力机构将线圈内磁场能转化为动能能力的系数。从式（3-9）可知，α越小、β越大，线圈场能量转化能力越强，从而越有助于提高能量转化效率和机构驱动速度。

同时，从上述结论假设、推导过程及结果可知：无论 C、μ_0、L_{eq} 等电气参数如何变化，按照式（3-9）计算最大 k_f，即可获得最佳的线圈外形设计结果。反之，若保持α、β不变，调整其他电气参数，则可排除场能量转化过程的影响，单独考虑电气参数对斥力做功的作用。即通过式（3-1）～式（3-8），可实现线圈外形尺寸比例、放电电路参数两种影响斥力机构性能主要因素的解耦。

在该解耦及场能量优化理论的支撑下，若能进一步寻找最佳电气参数 C、μ_0、L_{eq} 设计方案，有利于形成斥力机构的全局最优设计。

在保证输入能量和放电电流密度相同，并设电容、充电电压参数分别为1000μF、2500V 的前提下，开展如表 3-1 所示四组线圈外形比例系数的电磁斥力机构有限元仿真。有限元仿真结果如表 3-2 所示。

表 3-1　　线圈外形比例系数

编号	α	β	D_{av}（mm）	k_f
1	0.23	0.22	115	1.57
2	0.13	0.28	125	2.51
3	0.08	0.41	135	3.77
4	0.06	0.47	150	4.78

表 3-2　　有限元仿真结果

编号	电流峰值（A）	电流脉宽（ms）	电磁斥力峰值（kN）	动能（J）	转换系数 k_f
1	10 708.20	0.6	156.75	147.12	0.046 0
2	11 485.06	0.58	199.73	199.81	0.062 4
3	13 225.33	0.59	243.58	230.17	0.071 9
4	14 679.56	0.59	257.01	240.59	0.075 2

由表 3-1 可以看出，在放电回路参数基本相同的条件下，四组仿真的放电电流峰值和电流脉宽基本相同，随线圈 k_f 增大，电磁斥力机构径向叠加磁场也逐渐增大。可知，相同的运动时间内四组仿真的运动位移、运动部件动能也逐

渐增大，与场优化理论趋势一致。

然而表 3－2 中动能的变化与表 3－2 中 k_f 的变化并非呈严格线性比例，主要由放电电路二极管续流回路对放电波形的影响以及保持装置作用力等因素的影响造成。

（2）磁路的优化。

在解耦及场能量转化优化理论支撑下，保持线圈外形比例参数不变，研究调整斥力机构放电电路参数对斥力机构驱动速度和驱动效率的影响。

基于前述放电电流为理想 LC 振荡的假设可知，在第一个电流半波时间 T 内电流近似为一个正弦半波；而电流半波时间 T 后，线圈放电电流显著变小，假设忽略半波时间 T 以后的斥力做功，则斥力表达式为

$$F(t)=\begin{cases}F_{\max}\sin\left(\dfrac{\pi}{T}t\right), & t\leqslant T\\ 0, & t>T\end{cases} \tag{3-10}$$

式中：$F_{\max}$ 为最大斥力。

根据式（3－10）可知，电磁斥力推动可动线圈的运动为先加速后匀速运动的过程，因此斥力机构运动过程和电磁斥力做功可表示为

$$S=F_{\max}\int_0^T\left[\int_0^t\frac{\sin\left(\dfrac{\pi}{T}\tau\right)}{m}\mathrm{d}\tau\right]\mathrm{d}t+F_{\max}(T_0-T)\int_0^T\frac{\sin\left(\dfrac{\pi}{T}\tau\right)}{m}\mathrm{d}\tau \tag{3-11}$$

$$W_{\mathrm{m}}=\int_0^T F(t)v(t)\mathrm{d}t \tag{3-12}$$

式中：S 为斥力机构满行程开距；m 为斥力机构可变质量；T_0 为将斥力机构驱动到达满行程 S 的时间；W_{m} 为满行程内电磁斥力的有效做功。

由式（3－10）～式（3－12）可得，满行程内电磁斥力的有效做功为

$$W_{\mathrm{m}}=\frac{2F_{\max}^2T^2}{\pi^2M} \tag{3-13}$$

将式（3－8）代入式（3－13）可得

$$W_{\mathrm{m}}=\frac{2.508\,8}{M}\left(\frac{T}{\pi}\right)^2\mu_0^{0.4}J_{\mathrm{m}}^{0.8}\alpha^{-1.282\,6}\beta^{0.627\,4}(CU_0^2)^{1.6} \tag{3-14}$$

定义磁路优化能量转换系数

$$k_{\mathrm{C}}=\frac{W_{\mathrm{m}}}{W}=\frac{\dfrac{2F_{\max}^2T^2}{\pi^2M}}{\dfrac{1}{2}CU_0^2} \tag{3-15}$$

式中：W 为储能电容预存储能量，$W=1/2CU_0^2$；k_{C} 为放电电路优化能量转换系数。

联立式（3－14）、式（3－15）可得

$$k_C = \frac{5.017\,6\mu_0^{0.4}\alpha^{-1.282\,6}\beta^{0.627\,4}J_m^{0.8}T^2(CU_0^2)^{0.6}}{\pi^2 M} \tag{3-16}$$

式中：$5.017\,6\mu_0^{0.4}$为常数项；电容器储能项$(CU_0^2)^{0.6}$可认为不变。则k_C可表达为

$$k_C = f(\alpha,\beta,m,J,T) \tag{3-17}$$

根据本节假设，线圈尺寸、外形比例参数不变，则斥力机构质量m也不变；同时，基于放电部分是LC振荡的假设，对于相同的线圈和相同的电容，结合式（3－7）可知，线圈电流峰值及电流密度峰值均不变。因此由式（3－17）可以认为能量转换系数k_C与电磁斥力脉宽T相关。结合式（3－1）、式（3－17）可得，“线圈－线圈”型斥力机构放电电路优化能量转换系数与电流脉宽成正比例关系。

由式（3－17）可知，在放电电路优化过程中，在保持输入能量和线圈参数相同的前提下，可以得到能量转换效率与放电电流脉宽的平方成正比例关系，于是可以通过优化放电电路电容参数来得到较优的电磁斥力机构设计。

在保证输入能量和线圈参数相同的前提下，开展如表3－3所示四组具有相同输入能量和线圈参数、不同放电电容参数的电磁斥力机构有限元仿真。四组仿真的放电电流、运动位移曲线如图3－19、图3－20所示。

表3－3　　斥力机构电路仿真参数

编号	电容C（μF）	电压u_0（V）	电容储能W（J）	k_C
1	250	5060	3200	6.89
2	500	3578	3200	13.79
3	1000	2500	3200	27.57
4	2500	1600	3200	68.93

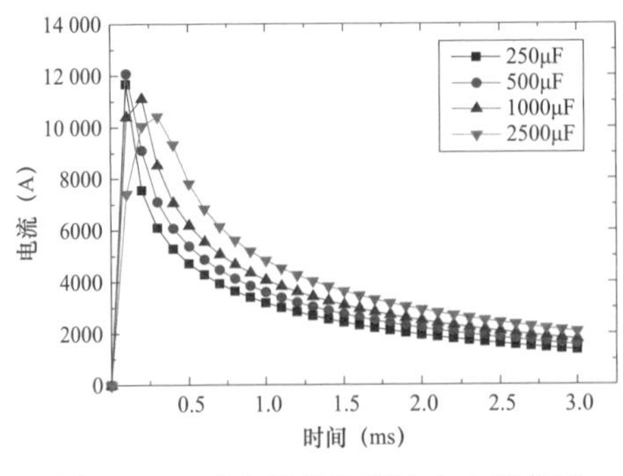

图3－19　斥力机构仿真放电电流曲线

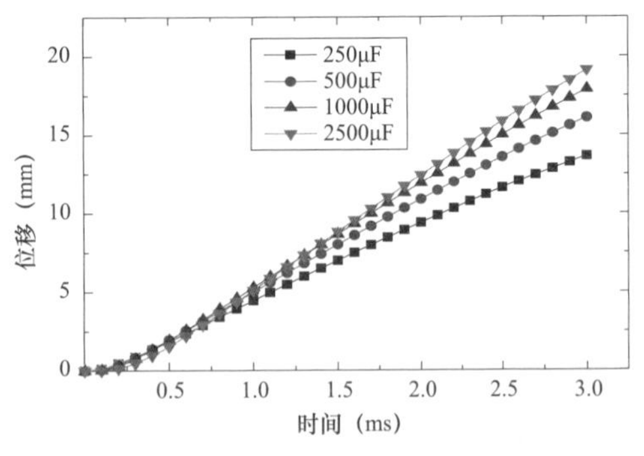

图3－20　斥力机构仿真位移曲线

由图 3－19、图 3－20 可以看出，四组仿真的放电电流脉宽逐渐增大，随着电流脉宽的增大，相同的运动时间内四组仿真的运动位移也逐渐增大，因此转换效率也逐渐增大，与放电电路优化结果趋势一致。

从磁场和磁路的角度出发，分别对斥力机构线圈外形比例参数和放电电路参数进行单独研究计算对比，从而完成对作用过程的解耦，从理论上得到快速斥力机构的优化设计方法。

3. 设计和研制

快速机械开关的基本使用环境如下：① 干净户内环境，微正压；② 长期使用温度范围为 5～50℃；③ 最高使用工作温度为 60℃；④ 储存运输温度为－20～60℃；⑤ 最大湿度为 60%RH；⑥ 污秽等级为 0 级。

快速机械开关的电气参数：① 额定电流为系统长期运行最大直流电流；② 额定电压为系统长期运行最高直流电压；③ 过电压为 1.5～1.8（标幺值）；④ 爬电比距不小于 14mm/kV。

快速机械开关设计参数如表 3－4 所示。

表 3－4　　快速机械开关设计参数

序号	参　数	数　值
1	放电电流峰值（kA）	8～16
2	电磁驱动力（kN）	70～100
3	加速度峰值	1200～2000g
4	最大分断时间（ms）	2
5	最大分断速度（m/s）	10～15
6	最大分断质量（kg）	5～10（取决于额定电流）
7	动作寿命（次）	≥3000

根据上述关键参数，开展快速机械开关关键零部件设计，将电磁斥力机构与真空灭弧室或者固封极柱相连，构成快速机械开关的主体结构，同时配合其他附属零部件及支撑结构。图 3－21 给出了快速机械开关典型结构，主要包括真空/SF_6 灭弧室、电磁斥力机构、压力保持机构和缓冲装置。灭弧室主要是实现绝缘隔离，毫秒级分断的快速机械开关因真空具有短间隙高绝缘特性，目前主要应用真空灭弧室。电磁斥力机构实现快速机械开关的快速分合闸，压力保持机构实现动触头合闸和分闸的可靠状态保持，缓冲装置用于实现快速机械开关快速分断时的缓冲制动。

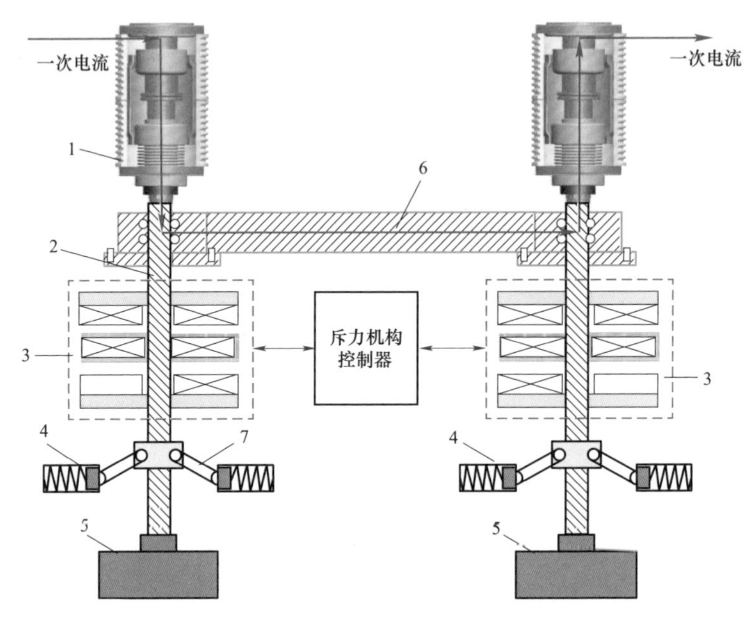

图 3-21　真空快速机械开关结构示意图（双断口）

1—真空/SF_6灭弧室；2—绝缘拉杆；3—电磁斥力机构；4—压力保持机构；
5—缓冲装置；6—母排；7—驱动杆

电磁斥力机构是快速机械开关的核心部件，主要由分合闸线圈、分闸线圈（或斥力盘）、操作杆（绝缘拉杆）、放电回路等组成。分、合闸线圈的形状是常见的圆形或者矩形设计，一般采用多匝扁铜线绕制而成，匝数与电磁斥力大小有关。斥力盘形状可采用圆盘结构，也可采用矩形盘结构，材料一般选用铜或铝合金。放电回路的储能电容一般采用高压脉冲电容器。一般将合闸线圈、分闸线圈（或斥力盘）封装在一个固定盒状结构内，然后再与操作杆配合组装。放电回路的储能电容器一般布置在独立的空间内，与电磁斥力机构分、合闸线圈通过放电线缆相连接。

快速机械开关位于分闸位置时，需为开关提供分闸保持力；位于合闸位置时，需要提供反方向的合闸保持力。目前保持机构常采用弹簧保持和永磁保持。弹簧保持常用碟形弹簧或螺旋弹簧，碟形弹簧如图 3-22 所示。它在轴向上呈锥形并承受载荷，其主要特点是能以小变形承受大载荷，并且其载荷形变曲线具有非线性特性。若单片碟形弹簧的负荷量和形变量不能满足使用要求，可以组合后使用。螺旋弹簧是用弹簧钢丝绕制成的螺旋状弹簧，单个螺旋弹簧的力学特性呈线性（即 $F=kx$，式中，k 为螺旋弹簧的劲度系数，为常数；x 为弹簧的形变量）。可以将两个螺旋弹簧组合形成如图 3-23 所示的双稳保持机构。

图 3-22 碟形弹簧

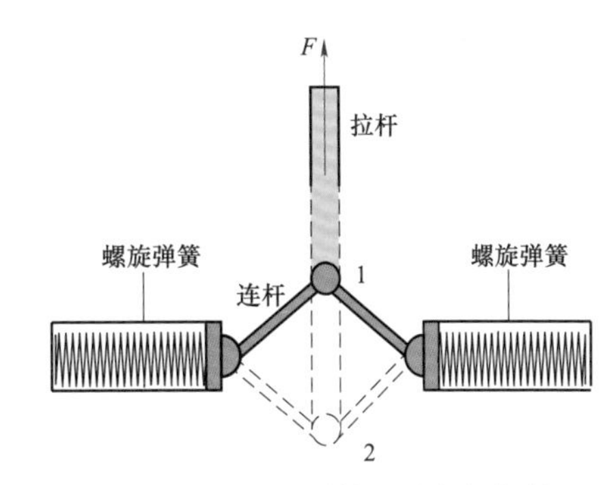

图 3-23 螺旋弹簧双稳保持机构

永磁保持机构如图 3-24（a）所示，采用永磁体产生磁场，当开关位于合闸位置时，动铁芯与静铁芯的上部接触，该磁场在永磁体、导磁环、动铁芯和静铁芯中形成回路，静铁芯的上部对静铁芯产生吸力，作为合闸保持力；当开关位于分闸位置时，动铁芯与静铁芯的下部接触产生吸力，作为分闸保持力；当动铁芯不与静铁芯接触时，它们之间的作用力很小。图 3-24（b）为永磁保持机构中的动铁芯从位置 1（合闸位置）运动到位置 2（分闸位置）时，其轴向上保持力的曲线。永磁保持机构的优点是结构简单、稳定性好，由于永磁保持机构含有质量较大的铁芯，会显著增加操动机构运动部件的质量，影响合分闸速度。

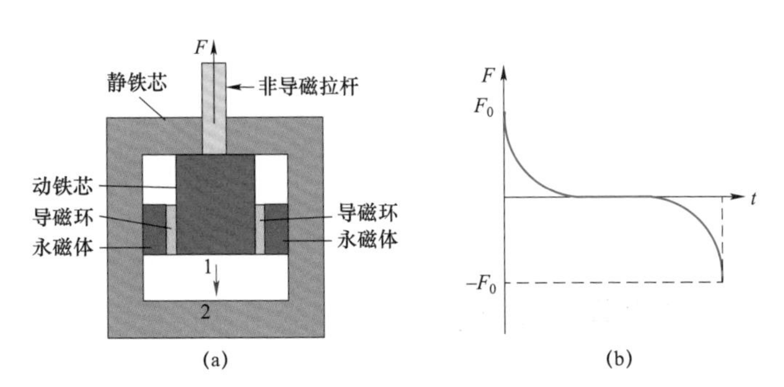

图 3-24 永磁保持机构结构及力学特性

（a）永磁保持机构结构；（b）保持力曲线

缓冲机构主要实现电磁斥力机构高速分断后的可靠缓冲。快速机械开关缓冲机构有液压油缓冲、聚氨酯缓冲和电磁缓冲。液压油缓冲机构如图 3-25 所示，它由液压柱塞和液压缸组成，内部填充液压油，电磁斥力机构高速运动的操作杆与液压柱塞接触后，压缩液压油实现缓冲。聚氨酯缓冲机构如图 3-26 所示，它是用一种具有强力弹性的树脂材料制成的缓冲结构，电磁斥力机构高速运动的操作杆与聚氨酯缓冲的承力机构接触后，弹性变形得到缓冲。

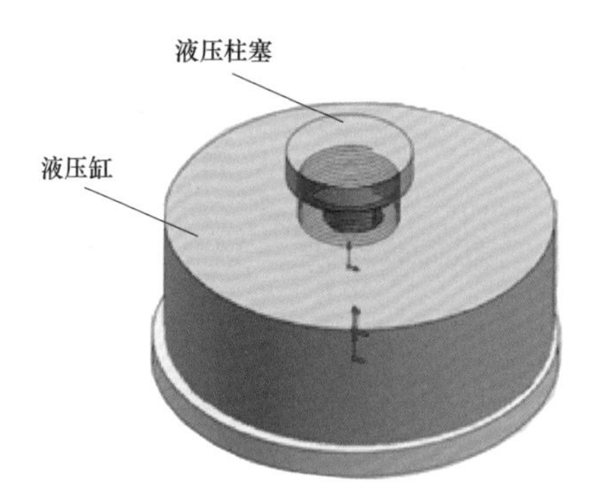

图 3－25　液压油缓冲机构

图 3－26　聚氨酯缓冲机构

电磁缓冲的基本原理是当进行分闸操作时，分闸线圈所处回路中的电容对其放电，分闸线圈与金属盘之间产生斥力，金属盘带动操动机构的动触头等其余运动部件向合闸线圈运动，当它们的行程达到开关要求的开距时，合闸线圈所处回路中的电容对其放电，此时合闸线圈与金属盘中也会产生斥力，使运动部件减速，从而降低操动机构运动部件到达分闸位置时的动能，避免反弹。

上述三种缓冲机构在快速机械开关中均有应用。

3.5.2　快速机械开关设计

快速机械开关的结构设计是实现灭弧室、电磁斥力机构、保持机构、缓冲机构、汇控柜、均压电容等关键零部件及附属结构件的集成。图 3－27 给出了一种双断口快速机械开关的典型设计，图 3－28 给出了一种单断口快速机械开关的典型设计。

图 3－27　双断口快速机械开关

图 3－28　单断口快速机械开关

快速机械开关耐压越高，则要求其位于分闸位置时动、静触头之间的开距越大，过大的开距会增加快速机械开关的分闸时间，从而也增加了混合式高压直流断路器开断电流的时间。因此高压快速机械开关可采用多个断口串联均压设计，降低单个断口的耐压，从而减小单个断口的行程。以 60kV 单断口快速机械开关为例，200kV 电压等级的快速机械开关需要 4 个单断口串联使用才能满足该电压等级绝缘耐受要求。

3.6 直流断路器高电位供能装置设计

高压直流断路器长期运行时，在分闸状态下线路断开，但其仍需功率维持其可靠工作，为了维持半导体电力电子器件驱动控制板卡和快速机械开关电磁斥力机构及控制板卡正常工作，需要从外部获取能量向其提供相应能量。

本书第 2 章所述拓扑结构的高压直流断路器无法从本体取得持续能量，并且由于输电线路为直流线路，无交变电场，导致其无法从输电线路中直接取得能量，因此需要外部供能系统向高压直流断路器提供能量。由高压直流断路器拓扑及工作条件可以得出，供能系统应满足以下基本要求：① 质量轻，体积小；② 供能不间断；③ 高效率及高可靠性；④ 高电压隔离与多输出电位隔离的能力；⑤ 满足直流断路器负载功率波动需求；⑥ 满足直流断路器绝缘要求。

3.6.1 高电位供能技术方案

高电位供能技术方案有很多种，主要有无线供能方式、激光供能方式、电磁供能方式等。

1. 无线供能方式

无线供能（wireless power transfer，WPT）技术按传输机理的不同，可分为磁感应耦合式、磁耦合谐振式、微波辐射式、激光式、无线电波式及超声波式等。其中，磁感应耦合式、磁耦合谐振式、微波辐射式和激光式四种无线供能技术为主流技术。

（1）磁感应耦合式。磁感应耦合式 WPT 系统的组成部分主要包括整流滤波、高频逆变、一次侧补偿、可分离变压器、二次侧补偿和电流调理等。磁感应耦合式 WPT 的工作原理是将电网输入的工频交流经过整流、逆变后转换成高频交变电流，并输入到可分离变压器的一次绕组，在高频电磁场的感应耦合作用下将电能传输到可分离变压器二次侧，将得到的高频交变电流经电流调理电路转换成负载需要的工作电流，以达到为负载供电的目的。其原理图如图 3－29

所示。

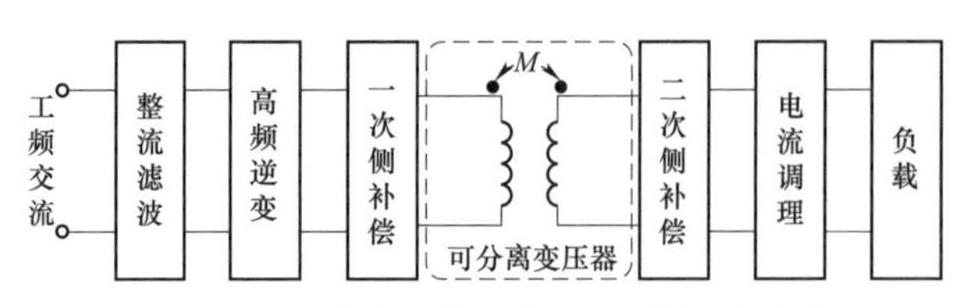

图 3－29　磁感应耦合式 WPT 结构原理图

案例：① 韩国设计在线电动汽车新型磁感应耦合式 WPT 系统，最大功率输出为 35kW，传输距离 20cm，工作频率 20kHz，当输出 27kW 时达到最大效率为 74%；② 新西兰设计新型磁感应耦合式 WPT 系统输出功率 1.5kW，空气间隙 4cm，传输效率 85%，工作频率 20kHz；③ 重庆大学孙跃课题组研制磁感应式耦合式 WPT 装置，可实现 600W～10kW 的电能传输，效率可达 70% 及以上，2015 年完成电动车不停车无线供电示范系统，停车定点无线充电的电能传输垂直距离 40cm，360° 横向偏移可达 20cm，最大输出功率 30kW，系统整体效率大于 90%。

（2）磁耦合谐振式。磁耦合谐振式 WPT 有别于以往的磁感应耦合式电能传输，它是利用非辐射电磁近场的储能场的性质，基于光子隧道效应的机理，通过共振的方式将高频功率源发出的渐逝波“捕获”，从而实现电能的无线传输。

磁耦合谐振式 WPT 系统主要由高频电源、阻抗匹配网络、发射天线、接收天线和负载驱动电路等组成，其中发射、接收天线均由感应线圈和谐振线圈组成。磁耦合谐振式 WPT 的工作原理是，高频电源向发射天线输出高频交变电流，在磁耦合谐振作用下接收天线与发射天线发生耦合谐振，从而实现电能从发射端到接收端的高效无线传输，而接收到的电能经过负载驱动电路进行整流滤波处理。其原理图如图 3－30 所示。

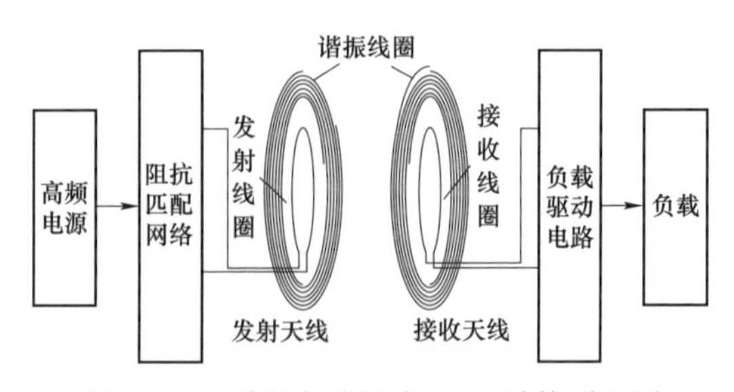

图 3－30　磁耦合谐振式 WPT 结构原理图

案例：① 美国威斯康辛大学设计的磁耦合谐振式 WPT 系统传输功率 220W，工作频率 3.7MHz，传输效率 95%，传输距离 30cm；② 天津大学设计的磁耦合谐振式 WPT 系统输出功率 3kW，传输效率 92.5%，传输距离 30cm，工作频率 200～400kHz；③ MIT 设计的磁耦合谐振式 WPT 系统实现了在 2m 多的距离内将一个 60W 的灯泡点亮，传输效率达到 40%左右。

其他利用磁耦合谐振式 WPT 技术达到大功率高效率传输的有：在 1m 距离下以 13.56MHz 的频率和超过 70%的效率传输 70W 的功率；在 0.15m 距离下以 13.56MHz 的频率和 75.2%的效率传输 100W 的功率。而在没有中继线圈的协助下，能够达到远距离传输的有：以 6.5MHz 的频率和超过 30%的效率传输 2.7m；以 10.02MHz 的频率和 40%的效率传输 1.5m；以 0.25MHz 的频率和超过 40%的效率传输 1.2m。

（3）微波辐射式。微波辐射式 WPT 是以微波（频率为 300M～300GHz 的电磁波）为载体在自由空间无线传输电磁能量的技术。

微波辐射式 WPT 系统的组成部分主要包括微波功率源、发射天线和整流天线。其中，微波功率源包括直流电源和直流射频（DC radio frequency，DC－RF）变换器；整流天线包括接收天线、低通滤波器、整流二极管和直流滤波器；发射天线则按定向控制方法的不同分为相控阵天线和具有定向功能的方向天线阵，并且通常采用抛物面天线结构实现其高聚焦能力。微波辐射式 WPT 的工作原理是，微波功率源将直流转换成微波能量，并由发射天线聚焦后向整流天线高效发射，微波能量经自由空间传播到整流天线，并经过整流天线的整流滤波电路转换为直流功率后给负载供电，其原理图如图 3－31 所示。

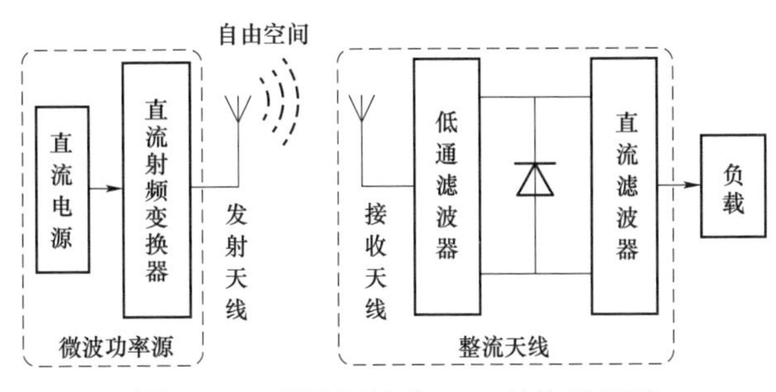

图 3－31 微波辐射式 WPT 结构原理图

案例：① 美国喷气推进实验室使用面积为 $27m^2$ 的整流天线阵列实现传输功率 30kW，微波频率为 2.388GHz，传输距离 1.6km，传输效率 84%；② 美国得州大学设计夏威夷微波能量传输实验，传输距离 148km，发射功率 20W，而接收到的功率仅为 1μW。

微波辐射式 WPT 主要用于微波飞机、卫星太阳能电站等远距离输电场合，其中卫星太阳能电站作为人类应对能源危机的有效策略已成为美国、日本等国大力发展的重要航天项目。

（4）激光式。激光式 WPT 系统主要包括激光发射部分、激光传输部分和激光—电能转换部分。其中，激光发射部分由激光驱动器和激光器组成；激光传输部分由光学发射天线、光学接收天线和传输控制模块组成；激光—电能转换部分由光电转换器和整流稳压器组成。激光式 WPT 的工作原理是，激光器发出特定波长的激光，激光束通过光学发射天线进行集中、准直整形处理后发射，并通过自由空间到达接收端，且经过光学接收天线接收聚焦到光电转换器上完成激光—电能的转换。传输控制模块控制激光光束发射方向，使光束与光伏电池板垂直入射，实现最高的光电转换效率，其原理图如图 3－32 所示。

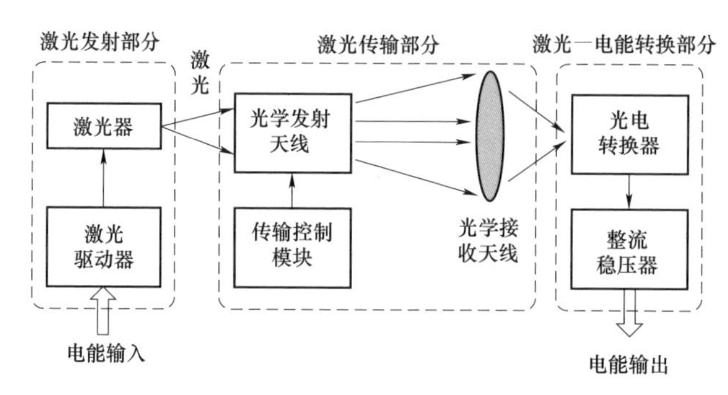

图 3－32　激光式 WPT 结构原理图

案例：① 日本京畿大学利用激光方式无线供能系统给小型飞机供电，输出功率 200W，激光波长 808nm，激光转换效率 34.2%，飞机所处高度 50m；② 美国密歇根大学设计激光方式向空间电梯无线送电，激光照射功率 2kW，负载总输出功率 100W，激光波长 1030nm，效率为 15%～25%。

表 3－5 总结了磁感应耦合式、磁耦合谐振式、微波辐射式和激光式四种 WPT 的主要参数及特点。

表 3-5　　四种 WPT 参数及特点

WPT	距离	频率或波长	功率	特点
磁感应耦合式	几毫米到几十厘米	几十千赫到几百千赫	可达几百千瓦	原理简单，容易实现，传输功率大，近距离效率高，技术成熟，磁损耗大，传输距离短，对一、二次侧铁芯形状和对齐方式要求高
磁耦合谐振式	几厘米到几米	几兆赫到几十兆赫	最高几千瓦	效率高，中等距离传输，电磁辐射小，抗干扰强，不受空间位置、角度和障碍物的影响，可同时给多个负载供电，发射、接收要求谐振频率相同，容易出现误差，传输功率不高
微波辐射式	几百米到几千米	采用 S、C 波段	可达千瓦级别	高精度定向传输，传输距离远，大气损耗小，主要应用于空间能量传输，发射、接收天线设计要求高，效率低，接收功率较小，微波对人体有害
激光式	几十米到几千米	波长在几百纳米级别	几十瓦	定向性好，能量密度高，发射接收口径小，大气层内传输损耗相对要大，传输距离短，对准精度要求高

综上所述，激光式 WPT 尚不成熟；微波辐射式 WPT 效率低，对人体有害，不适合能量传输距离较短的场合；磁感应耦合式和磁耦合谐振式 WPT 在功率、距离、频率等参数方面都满足高压直流断路器的供能要求。其中磁感应耦合式 WPT 距离要求近，对齐要求高，但传输功率较大，技术最为成熟；磁耦合谐振式 WPT 由于耦合效率高、不受角度影响、中等传输距离等优点而备受关注，但在大功率、远距离方面没有成熟的应用。

总的来说，无线供能技术的优点为高压隔离简单，电源和负载隔离可靠，近距离传输效率较高，难点在于无线传输距离和功率受限，线圈和非接触变压器特性有待提高。

2. 激光供能方式

激光供能系统由激光光源、供能光纤和光电池三大部分组成。由位于地电位侧的激光光源产生激光，通过供能光纤将激光能量传送到高压侧，再由高压侧上的光电池将光能转换为电能，提供给负载。激光供能系统采用光纤隔离低压侧与高压侧，其典型结构原理图如图 3-33 所示。激光光源主要由半导体激光二极管、驱动激光二极管工作的电源电路，以及相应的保护电路组成。

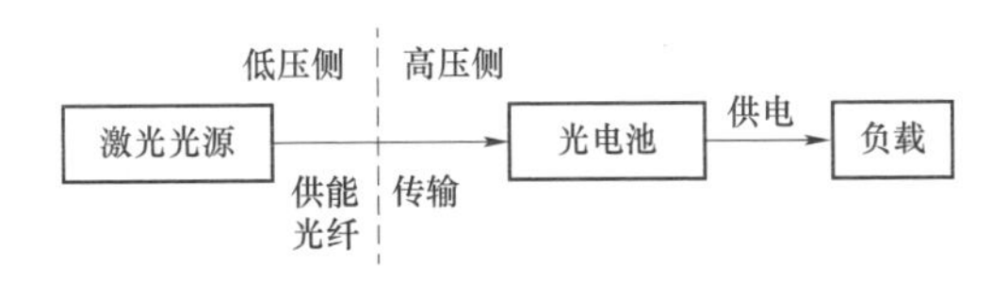

图 3-33　激光供能系统结构原理图

在光电池饱和以前，由激光光源提供的光电池输入光功率与光电池输出电功率之间为近似线性的关系。光电池饱和以后，即使激光光源提供的光功率增加，光电池输出电功率也无明显增加。光电池参数值随着工作环境温度的变化而变化。光电池的工作温度不能太高，因为它的晶格容易受到高温损坏而引起器件失效，因此光电池工作时需要增加散热装置。

目前，激光供能多用于可控串补工程中向其测量控制装置供电，例如 500kV 百色、平果、贺州、博尚、建水串补站，220kV 成碧串补站等。中国电力科学研究院将激光供能作为后备供能方式。串补正常运行时测量系统电源由电流互感器从线路电流获取（即 TA 取能），当电力系统发生故障引起线路电流不稳定或串补装置检修时，为确保测量系统电源供给的连续性，切换为激光供能。由于单通道激光传送能量有限，最初采用 7 根并联，通过改善减小测量控制装置所需能量后采用 4 根并联。西门子公司所采用的方式是将一进一出两根光纤与激光供能模块相连，当出现激光供能模块故障或激光通道故障时，供能中断，可靠性低。因此，虽然激光供能在串补站的保护测量系统已经应用广泛，但由于激光供能技术还不是很成熟，各生产厂家的供能方式也不尽相同，供能的不稳定性是造成保护系统退出运行的主要原因之一。此外，激光供能多用于向光电电流互感器提供毫瓦级能量。

基于光纤固有的绝缘、抗干扰的优点，在高电压、高电磁干扰、高无线电信号或者要求环境无火花等极端恶劣环境下，激光供能成为理想的解决方案，在电力、医疗、无线电通信、工业和航空传感器以及国防等领域得到越来越广泛的应用。

激光供能方式的优点是输出电源比较稳定，不易受到外界杂散电源的影响。主要技术难点在于：① 激光器所能提供的能量有限，如果长时间工作在大驱动电流状态下，激光器容易发生退化现象，导致工作寿命迅速降低，可靠性低；② 光电池的光电转换效率偏低，光电池是整个激光供能系统的核心，目前转换效率低是影响功率提升的主要瓶颈，用于产品级的光电池的光电转换效率从以前的 8%～13%有所提升，但未超过 40%；③ 由于光纤内光功率较大，一旦光纤意外断裂，光能量外泄，极易引起火灾。

3. 电磁供能方式

电磁供能方式是低压侧电源通过隔离变压器将能量传输至高压侧，通过分布式磁环和绝缘电缆，将能量传输至不同电位点负载处，再经过整流稳压电源，将能量送至功率器件。依据电源电压的频率可分为工频电磁供能方式和高频电

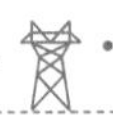

磁供能方式。

（1）工频电磁供能方式。工频电磁供能系统结构如图 3－34 所示。

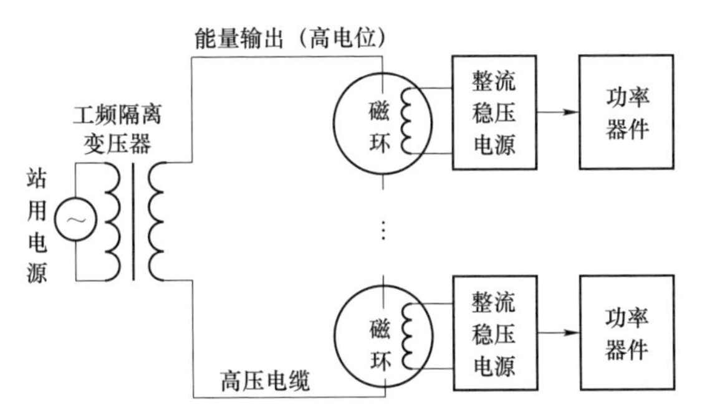

图 3－34　工频电磁供能系统结构

工频隔离变压器的作用是利用电磁感应的原理进行能量传输并实现电气隔离，工频隔离变压器通常具有两组绕组，在一次绕组加入交流电产生磁场，二次绕组在磁场的作用下产生电磁感应电动势，如果此时二次绕组带负载则会产生感应电流，通过改变一次绕组和二次绕组的匝数可实现对电压的改变。隔离变压器将电网设备与用电设备相互隔离，保障用电设备和电源没有直接的电联系，将地电位电能传输至高电位。

高压电缆和磁环的作用为能量传输和电气隔离，将隔离变压器的输出功率输送至高电位不同电位点功率器件。工频输入以单匝母线的形式依次穿过所有磁环变压器，经过整流稳压电源供给负载。

（2）高频电磁供能方式。高频电磁供能系统结构如图 3－35 所示。

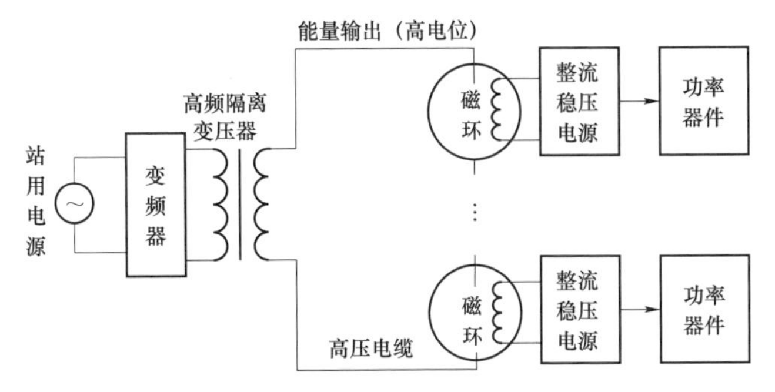

图 3－35　高频电磁供能系统结构

高频电磁供能系统原理与工频电磁供能系统基本相同，不同之处为高频电磁供能方式采用变频器将 50Hz 工频电转换为高频电，通过高频隔离变压器传输至高电位。

综上所述，几种高压侧供能方案的特点如表3－6所示。

表3－6　　高压侧供能方案特点

序号	供能方案	特点
1	无线供能方式	隔离方便；无线传输距离和功率受限、线圈和非接触变压器设计较难，技术成熟度较低
2	激光供能方式	隔离方便；光电池转换效率低于40%；寿命短；长期工作可靠性低
3	电磁供能方式	技术成熟；高电压等级隔离变压器生产制造较为困难

供能方式有很多种，随着新兴技术的发展，方法和方案越来越多，结合高压直流断路器工作环境、功率需求、负载特性、技术成熟度、经济性、长期工作稳定性和可靠性，联研院设计的高压直流断路器选择了工频隔离变压器与多级磁环及高压电缆配合的工频电磁供能方案，工频电磁供能系统底部主体隔离变压器将能量输送至高电位平台，再通过分布式磁环和高压电缆将能量送至每一级断路器负载。

3.6.2　高电位供能关键组件设计

工频电磁高电位供能装置的关键组件包括：① 保证地电位可靠的电源；② 将地电位能量传输至高电位的工频隔离变压器；③ 在高电位将能量传输至不同电位点负载的分布式磁环。

1. 电源设计

供能系统中，首先要保证输入侧电源的稳定可靠，为了保证整个供能系统有可靠的电源输入，采用双站用电接入交流不间断电源（UPS）、含后备蓄电池保护的冗余设计方案，UPS输出电能通过开关柜输出至工频隔离变压器，如图3－36所示。

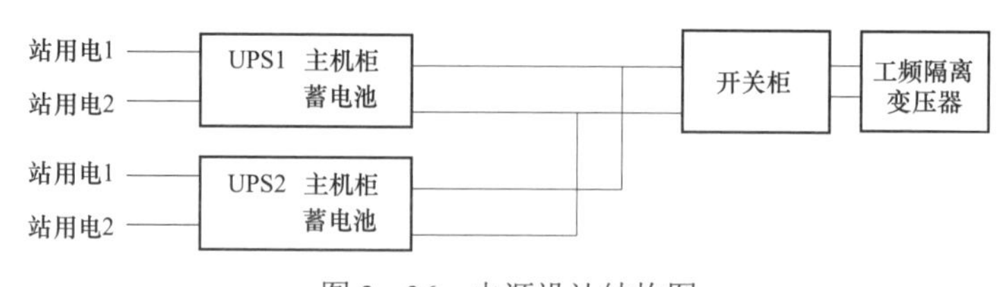

图3－36　电源设计结构图

站用电双母线接入，通过UPS主机柜和蓄电池配合，实现供能系统电源输入的冗余设计。

UPS工作模式设计为：

（1）正常运行。UPS1主支路接站用电1，UPS2主支路接站用电2，2路UPS

并联供电，各承担50%负荷，因同步性产生的环流控制在1%以内。

（2）1套UPS故障。当1套UPS（UPS1或UPS2）故障时，其主机闭锁退出，另1套UPS主支路承担100%负载，并可长期在此状态下运行。

（3）2套UPS故障。当2套UPS都发生故障时，2条主支路均闭锁退出，切换至2路静态旁路并联供电，并可长期在此状态下运行，切换时间在1ms以内。

（4）UPS检修。负载切换至检修旁路后主支路闭锁退出，由检修旁路向负载供电。

开关柜用于在UPS电源和断路器负载之间形成明显断口，在断路器负载出现短路故障后，及时切断负载与电源的连接，保证负载可靠退出，使供能系统中所有组件避免承受过电流和过电压，保护所有组件的安全。

2. 工频隔离变压器设计

工频隔离变压器在传输能量的同时，应具备长期承受线路直流电压及线路暂态过电压的能力。工频隔离变压器作为直流断路器的组成部件，应采用无油化设计，目前已实现工程应用的直流断路器绝缘技术方案有固体绝缘、气体绝缘及固体与气体复合绝缘。

（1）固体绝缘。联研院研制的固体绝缘工频隔离变压器，采用多级级联的设计方案，级联变压器之间并联均压阻容，削弱空间杂散参数的影响，实现有效均压，通过模块化设计实现子单元变压器及变压器整体的灵活组装，具有良好扩展性、均匀场强、高绝缘性能及强过载能力等优点，其级联拓扑电路如图3－37所示。已应用于工程的200kV固体绝缘工频隔离变压器采用4级50kV套管绝缘子单元变压器级联方式，每级子单元变压器之间主体绝缘通过电磁绝缘隔离，子单元变压器一、二次绕组主体绝缘通过固体绝缘隔离。

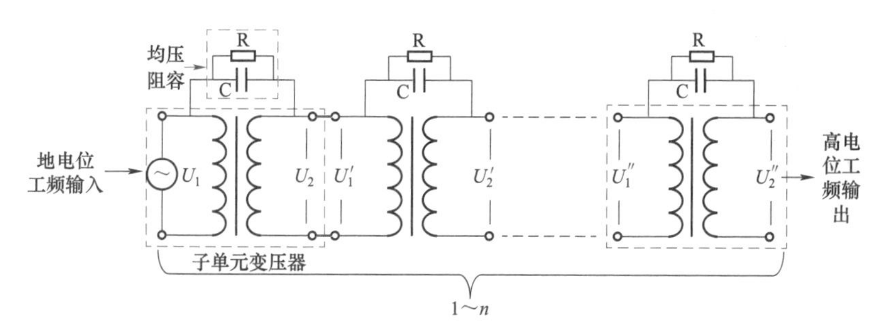

图3－37 固体绝缘工频隔离变压器级联拓扑电路

50kV 套管绝缘子单元变压器由铁芯、绕组套管和附属支撑结构组成，铁芯结构采用拼叠组合的形式，通过夹板结构形成整体，绕组套管采用固体绝缘材料整体浇注而成，用于实现高电压下的绕组主绝缘和表面绝缘隔离，绕组套管采用绕组、屏蔽、支撑结构、接线端子和主绝缘隔离一体化整体成型工艺，在结构上是一个不可分割或拆卸的整体，如图 3－38（a）所示。

整体变压器采用支撑结构，级与级之间变压器采用连接母排实现有效电气连接。采用防止高压下放电的均压屏蔽结构，同时采用增加主绝缘的隔离屏等措施，进一步实现电场优化，如图 3－38（b）所示。

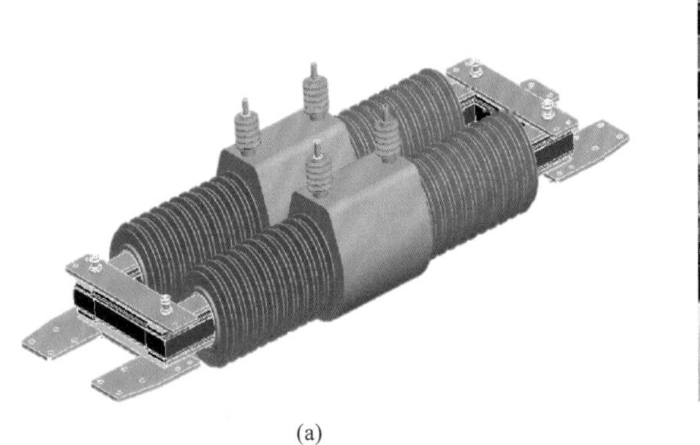

(a)

(b)

图 3－38　200kV 固体绝缘隔离供能变压器

（a）子单元变压器；（b）变压器整机

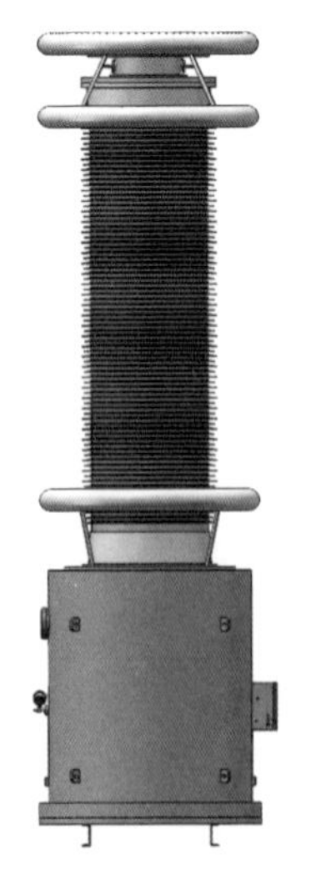

图 3－39　SF_6 气体绝缘隔离变压器结构图

（2）气体绝缘。气体绝缘隔离变压器多采用 SF_6 气体作为绝缘介质，采用单级设计方案，结构形式如图 3－39 所示，主要包括输入绕组、输出绕组、铁芯、高压引出线及复合套管等部件。变压器主体放置在变压器箱体中，高压侧出线端子通过绝缘套管引出，变压器箱体与套管内充满 SF_6 气体作为绝缘介质。

（3）固体与气体复合绝缘。复合绝缘隔离变压器采用多级变压器串联的设计方案，单级变压器采用固体绝缘一体化浇注方式，单级变压器单元结构如图 3－40（a）所示。多级变压器串联后，放置于复合套管中，如图 3－40（b）所示，套管内充 SF_6 气体作为绝缘介质，减少外部爬电距离。

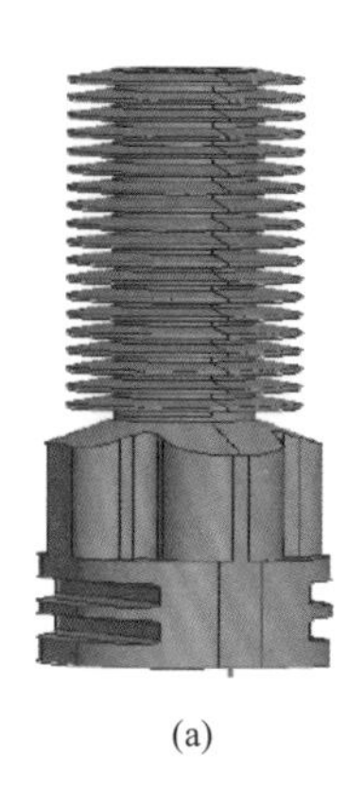
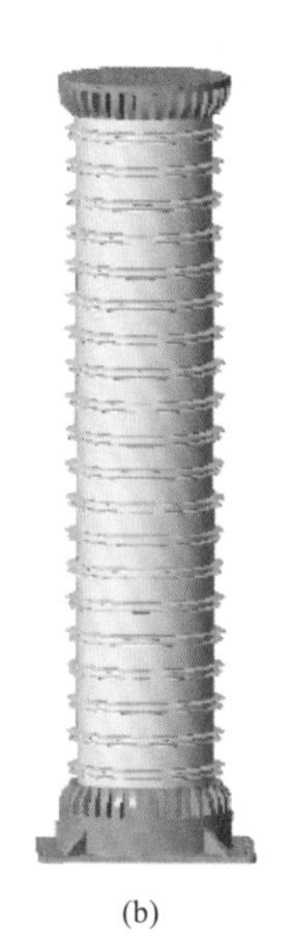

(a) (b)

图 3－40 复合绝缘隔离变压器结构图

（a）固体绝缘单级变压器；（b）带复合套管的变压器整机

3. 磁环设计

磁环用于隔离不同电位点负载，向每级负载提供稳定可靠能量，并适应不同负载工况下的功率波动。

磁环与断路器每一级负载逐一对应，与负载等电位，因此其结构布置应与全桥子模块保持一致。磁环的绝缘结构设计采用双重绝缘设计，其铁芯和绕组放置在由绝缘材料加工的骨架内，然后在骨架和铁芯绕组间浇注绝缘材料。磁环外形结构如图 3－41 所示。

图 3－41 磁环外形结构图

3.7 直流断路器 MOV 设计

MOV 是直流断路器中过电压保护和能量吸收的主要装置，在各种过电压条件下有效保护直流断路器，MOV 设计应综合考虑断路器故障工况、MOV 自身异常工况、结构设计需求及可靠性等因素。

3.7.1 MOV设计要求

（1）整体设计。MOV 整体设计应考虑单个阀片失效导致 MOV 单元整体失效的最恶劣工况下，断路器应仍具备正常开断能力。

MOV 因个别阀片质量导致基本单元整体故障后，使得健全单元吸收能量增大，存在吸收能量超过设计值而发生爆炸的风险，MOV 设计应满足一个基本单元失效后，剩余单元仍具备正常开断及重合吸收能量的能力。

MOV 阀片应选择制造工艺成熟、应用经验丰富，且吸收能量大、体积相对较小的型号。

MOV 应采取适当的压力释放措施，以确保当 MOV 因吸收能量超过其承受能力时能可靠释放压力，不会导致断路器其他部件及阀厅内其他设备、设施损坏。

（2）MOV 额定电压。MOV 额定电压设计应满足在断路器稳态运行期间，系统的额定直流电压及各种电压波动工况均不会导致 MOV 保护动作（MOV 单个阀片电流超过直流 1mA）。断路器完成开断后（故障电流过零），MOV 在系统恢复电压下不应动作。此外，应将直流断路器断态承受直流电压工况下 MOV 的泄漏电流控制在一定范围内，避免断态下 MOV 阀片因吸收能量过多而发热严重。

（3）MOV 标称放电电流下的保护电压。MOV 标称放电电流下的保护电压决定了直流断路器内部的整体绝缘水平。保护电压设计应满足断路器开断过电压下直流侧相关设备的过电压不超过绝缘耐受能力。

（4）MOV 吸收能量设计。MOV 的吸收能量应按照直流断路器开断于最严苛工况和故障时的最大所需吸收能量设计，并应满足单次开断及重合于故障下再次开断的总吸收能量。直流断路器避雷器吸收能量的设计值应遵循如下原则：

1）对于直流线路故障且主保护正常动作的情况，MOV 吸收能量（不含热备用）需满足直流断路器单次开断及重合于故障下再次开断的总吸收能量，并应在此基础上考虑 1.2 倍安全裕度。

2）直流断路器 MOV 吸收能量仿真需考虑换流站避雷器配置对其的影响。

3）对于直流线路单极接地故障且主保护拒动的情况，MOV 吸收能量（不含热备用）需满足直流断路器单次开断及重合于故障下再次开断所需的总吸收能量，并应在此基础上考虑 1.2 倍安全裕度。

4）对于直流线路单极对金属回线短路故障且主保护拒动的情况，MOV 吸收能量（不含热备用）需满足直流断路器单次开断及重合于故障下再次开断所需的总吸收能量。

5）对于直流线路双极短路接地（或不接地）故障且主保护拒动的情况，MOV 吸收能量（不含热备用）需满足直流断路器单次开断及重合于故障下再次开断所需的总吸收能量。

按照上述要求，经过理论分析结合仿真计算获得直流断路器开断 MOV 最大吸收能量，考虑设计安全裕度，作为 MOV 吸收能量最终设计值。

3.7.2 MOV设计参数

1. 阀片串联数

阀片串联数决定了 MOV 的额定电压，断路器处于断态且承受直流电压工况下 MOV 产生的泄漏电流是断路器整体泄漏电流的组成部分，该值不能超过系统泄漏电流要求的最大值。

阀片串联数设计应使得MOV在直流1mA下的参考电压不低于系统要求值。MOV 所需要的串联阀片数为

$$N=\frac{U_{1\mathrm{mAdc}}}{V_{1\mathrm{mAdc}}} \tag{3-18}$$

式中：$U_{1\mathrm{mAdc}}$ 为 MOV 在直流 1mA 下的参考电压设计值；$V_{1\mathrm{mAdc}}$ 为单个阀片直流 1mA 下参考电压试验值。

2. 阀片并联数

MOV 并联柱数设计决定了标称放电电流下保护电压水平及总体吸收能量，设计应使得开断最大短路电流下 MOV 电压不超过要求的最高参考值，且 MOV 吸收能量需不低于断路器在完成一次开断—延时—重合操作的最大能量吸收值，并应包含能量热备用（设计裕度）。

单个阀片吸收能量按照2ms 方波下试验值 Q_S 计算，单柱阀片串联数为 N 时，考虑电流不均匀以及电压不均匀系数 k（通常取 1.1～1.2），满足吸收能量 Q_T 要求的并联数最小值为

$$M=\frac{kQ_T}{Q_S N} \tag{3-19}$$

可依据阀片 $V-I$ 特性测试曲线，计算得到所设计并联数下的保护电压值，并验证是否满足要求。

4

高压直流断路器集成设计

4.1 概述

高压直流断路器的结构设计以电气拓扑为基础、技术参数为设计边界条件、以通过各项型式试验及实现工程可靠性为设计目的，将断路器的转移电流支路、主电流支路、能量吸收支路等各组件整合在一个阀塔中。在考虑结构布局合理性、结构强度、抗震、线路电感、绝缘配合等要求的前提下，再协同进行阀塔结构集成设计。

本章分为高压直流断路器的结构设计、抗震设计和绝缘配合三部分。结构设计部分首先介绍高压直流断路器结构设计的总体原则，以此为基础分别介绍高压直流断路器整体、主电流支路、转移电流支路和能量吸收支路的结构设计。抗震设计部分首先介绍抗震设计的原则和方法，然后介绍抗震校核的方法。绝缘配合部分首先介绍绝缘配合的原则，然后介绍爬电距离和最小空气间隙距离的选择。

4.2 高压直流断路器结构设计

4.2.1 设计原则

在进行高压大容量电力电子装置设计时，应尽量遵循以下设计原则：

（1）采用集成式整体阀塔结构，以提高容量密度；

（2）阀塔各结构分区应明确；

（3）结构清晰简洁，满足各工况下的强度要求；

（4）尽量采用模块化设计思想，便于安装维护；

（5）绝缘结构简单清晰，电极形状良好；

（6）供能电缆及光纤等辅助线缆应走线清晰。

4.2.2 整体设计

高压直流断路器整机一般分为主塔与供能塔，如图 4－1 所示。

供能塔一般布置在主塔的下方或外部，与主塔间通过母排或线缆进行连接。

主塔通常采用分层设计方式，由于直流断路器主塔质量普遍较大（单塔约 100t），因此一般采用支撑式结构。一般会在底部支撑绝缘子上方设计有增强底部抗震能力的高电位钢框架结构。以钢框架为分界线，下部由支撑绝缘子、斜拉绝缘子、光纤、水管及其阀支架组成；上部由转移电流支路、能量吸收支路、快速机械开关及主电流支路四大部分及其他结构件组成。

以某 500kV 高压直流断路器为例，总体尺寸约为 18 000mm×8000mm×15 000mm（长×宽×高），其中转移电流支路、能量吸收支路、快速机械开关分 5 层阵列布置；高电位钢框架集成设计了光纤槽盒、供能电缆、电流监测设备等组件；顶部屏蔽罩附近设计进出线管母。

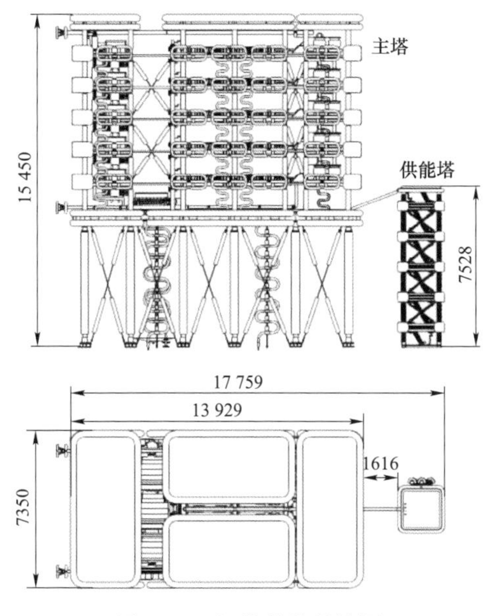

图 4－1　阀塔整体结构图

由于塔身质量较大，因此底部支撑绝缘子推荐首选抗弯特性更好的复合绝缘子，同时使用斜拉连接结构来有效增强抗震性能。高电位钢框架一般采用型钢进行设计连接，需满足断路器整塔在静态及动态下均有足够的安全裕度。高电位钢框架力学仿真分析图如图 4－2 所示。

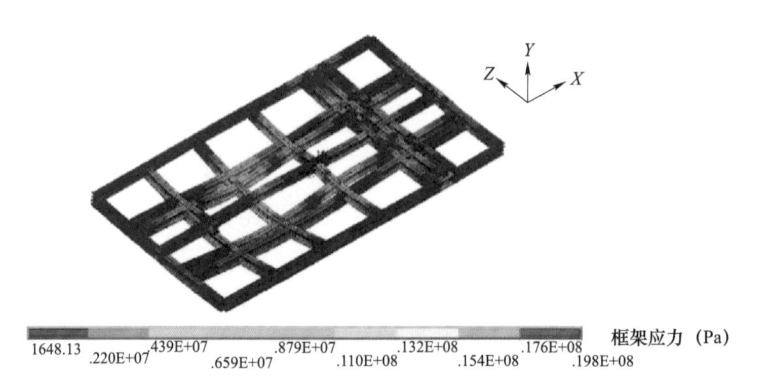

图 4－2　高电位钢框架力学仿真分析

由底部支撑绝缘子、斜拉绝缘子及高电位钢框架结构所组成的底部增强结构，通过合理优化其结构布置，最高可以具备 9 级抗震设防烈度。

阀塔主体结构如图 4－3 所示，主要由转移电流支路、主电流支路、快速机械开关、MOV 4 部分组成，采用分区域设计布置思想。快速机械开关、MOV 位于阀塔两侧，转移电流支路靠近 MOV，主电流支路单层结构位于转移电流支路和快速机械开关之间。

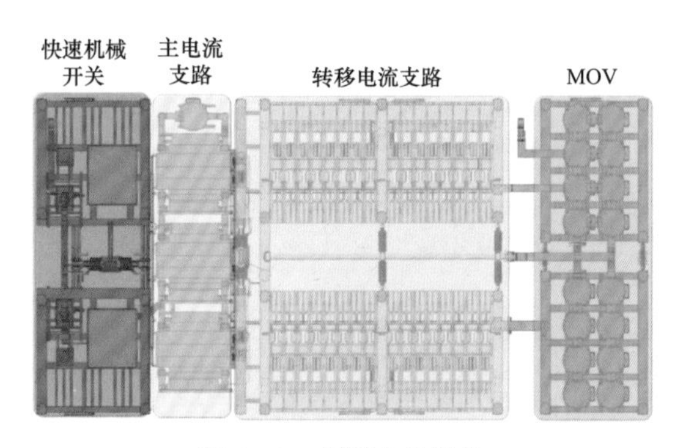

图 4－3　阀塔主体结构

快速机械开关、MOV、转移电流支路及主电流支路均采用模块化设计，便于安装及维护。各部分典型组件如图 4－4 所示。采用此种方法及形式设计而成的高压直流断路器具有安装维护简便、灵活扩展能力强等优点。

由于高压直流断路器整体尺寸较大、质量较大，因此在对断路器进行设计时，应尽量选取较高强度、较轻质量的材料或型材。

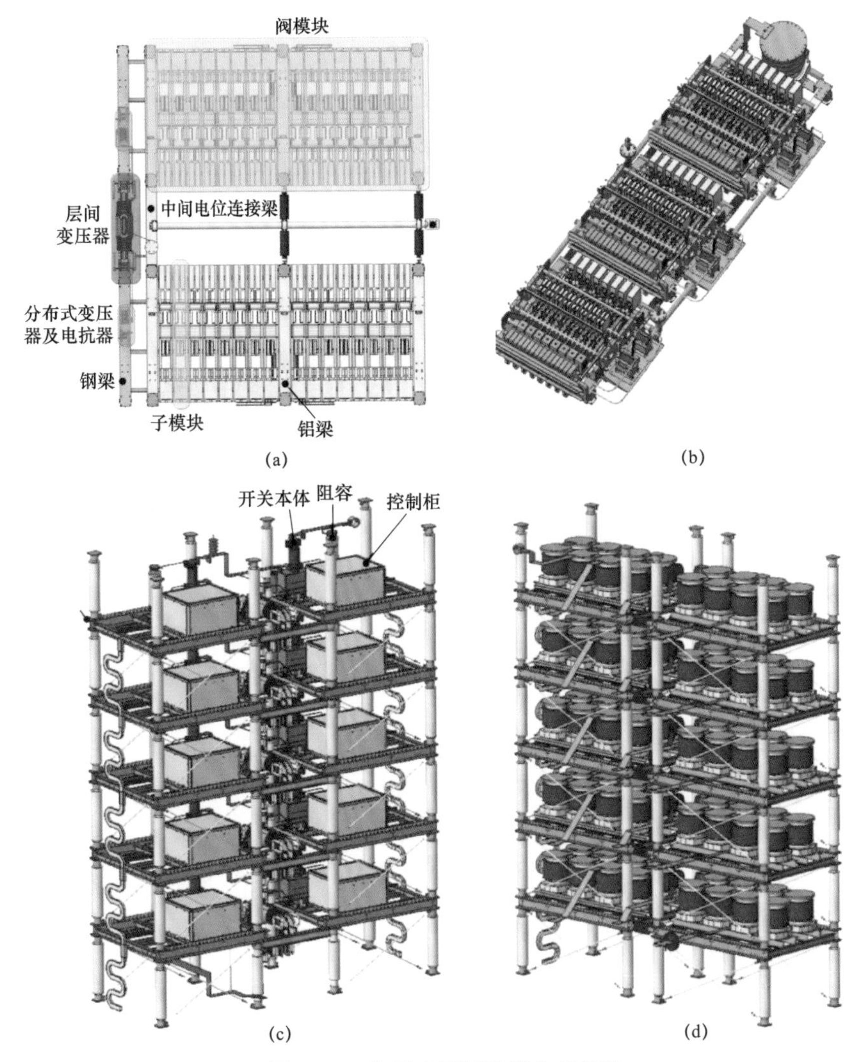

图 4-4 高压直流断路器典型组件

（a）转移电流支路；（b）主电流支路；（c）快速机械开关；（d）MOV

对于支撑类框架平台而言，尽量采用较大截面惯性矩的钢型材或铝合金型材作为主要受力材料。传统 Q235、Q345、45Mn 等均为较常用普通结构钢牌号，如邻近直流母线或精密信号采集控制单元的构件，则优先推荐铝合金材料（如 6000 系铝合金、3000 系铝合金等）或 06Cr19Ni10（304）不锈钢等顺磁性材料。

4.2.3 主电流支路结构设计

对于主电流支路半导体组件，由于需要长期导通负荷电流，因此需要设计相应的冷却结构。从传热角度看，有强迫风冷及水冷两种冷却方式，但强迫风冷结构存在散热效率低、散热结构体积大、可靠性低等问题，不利于提升半导体组件的工程应用可靠性；而水冷具有散热效率高、结构紧凑和可靠性高等优势，一般是半导体组件冷却结构的首选。图 4-5 给出了一种比较典型的主电流支路半导体组件结构。

图 4-5　主电流支路半导体组件结构

4.2.4　转移电流支路结构设计

对于转移电流支路半导体组件，由于耐压高，因此需要数十乃至上百个半导体器件进行级联连接，结构设计更为复杂。同时，由于转移电流支路半导体组件只承受毫秒级的暂态电流，因此不需要设计相应的冷却结构，一般采用空气冷却。为了实现转移电流支路阀模块的紧凑化、模块化设计，转移电流支路的半导体器件一般采用大组件压装结构，图 4-6 给出了一种转移电流支路半导体组件整体结构。

图 4-6　转移电流支路半导体组件整体结构

4.2.5 MOV结构设计

对于 MOV 的结构设计，应充分考虑阀片损坏时所产生的能量，增加 MOV 套筒厚度，保证整体不发生机械损坏。MOV 组件喷弧泄放口和转移电流支路阀模块组件反向布置，同时二者之间保留至少 900mm 的缓冲空间，可保证即使发生爆炸喷弧，所喷出物质均远离半导体组件。

4.3 高压直流断路器抗震设计与校核

4.3.1 抗震设计

高压直流断路器整体质量大、重心高、组成复杂、各组件间质量分布不够均匀。这对高压直流断路器的抗震设计提出了很高的要求。阀塔抗震结构主要通过底部高电位钢框架增强、底部斜拉增强、层间斜拉增强、层间横担绝缘子增强等多种方式。

对于高压直流断路器，其底部阀支架结构一般通过高电位钢框架将底部支撑绝缘子统一连接起来，以提高其整体刚度。同时，通常还会采用加设斜拉绝缘子的方式进一步增加底部阀支架整体抗变形能力。高压直流断路器底部抗震典型增强结构如图 4-7 所示。

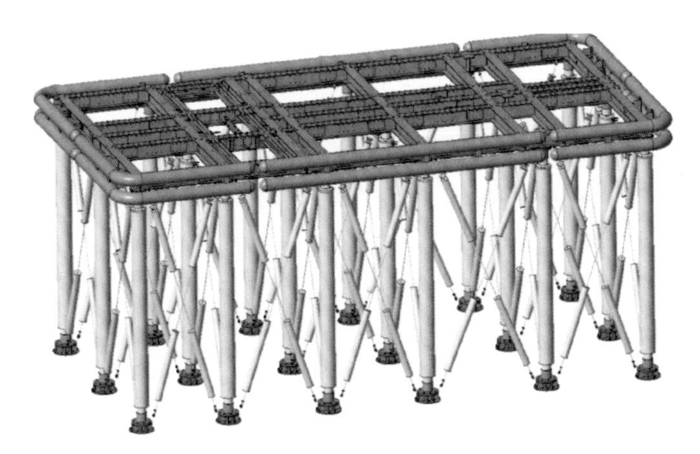

图 4-7 高压直流断路器底部抗震典型增强结构

而对于高压直流断路器层间供能组件，同样需要进行地震工况下的结构增强设计。不同模块间采用横担斜拉方式，如图 4-8 所示。

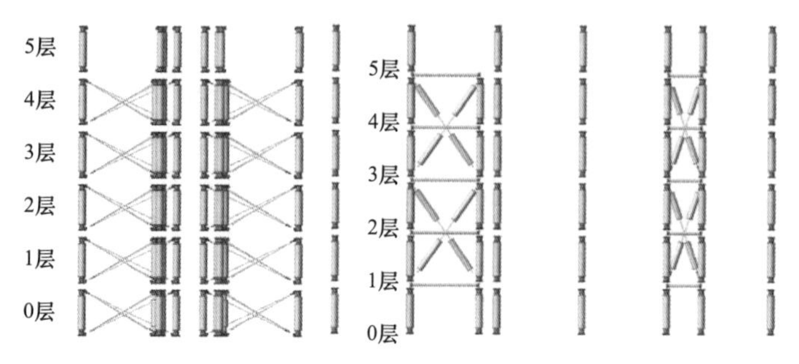

图 4－8　模块间支撑斜拉

在对断路器支撑结构进行增强设计的同时，还应注意在设计布置时尽量保证设备质量的均匀分布。如有集中荷载现象出现，且无法实现均匀分布时，则应尽量保证载荷分布的对称性，以保证在地震工况下各向响应及应力一致。

4.3.2　抗震校核

较为常用的抗震计算方法有反应谱分析法及动力时程分析法。

反映谱分析法是现代抗震设计的基本理论，它能反映出结构在不同自振周期和阻尼比下的最大反应。

动力时程分析法是通过输入工程场地的若干条地震加速度记录或人工加速度时程曲线，通过积分运算，求得在地面加速度随时间变化期间结构的内力和变形量随时间变化的全过程。

按照 GB 50260—2013《电力设施抗震设计规范》规定的计算方法进行抗震计算。以 8 级抗震设防烈度、地面水平加速度峰值 0.2g、地面垂直加速度为地面水平加速度的 65%、特征周期 0.5s 作为地震输入条件。

根据 GB 50260—2013 规定，电气设施可以采用静力法、底部剪切法、振型分解反应谱分析法或动力时程分析法进行抗震计算。根据高压直流断路器的结构特点，建议采用反应谱分析法进行抗震计算。图 4－9 所示为 GB 50260—2013 规定的典型地震反应谱曲线图，按照 8 级抗震设防烈度，确定该曲线的水平地震影响系数最大值为 0.5，开展地震反应谱分析计算。

在建立数值仿真模型时，利用多种单元模拟结构形状，力求真实、准确和直观地反映结构自身的力学行为。在对单元赋材料属性时，按照实际材料属性进行赋值。

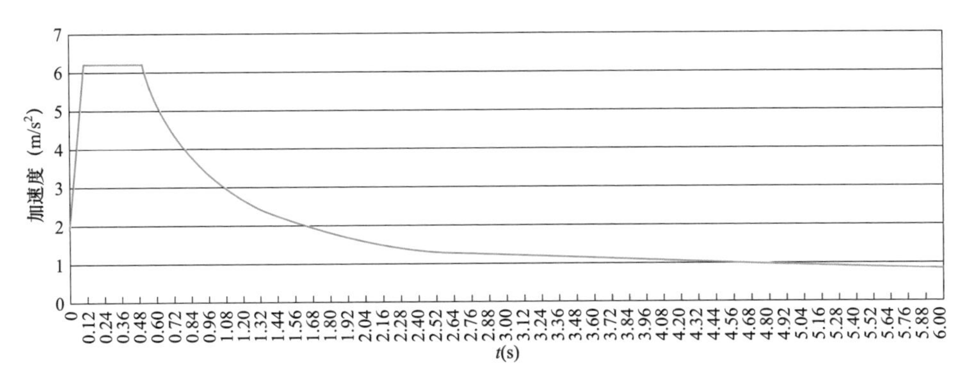

图 4－9　典型地震反应谱曲线图

而在建模过程中往往需要对实际模型进行简化处理。普通钢型材、支撑绝缘子等可以采用梁单元进行等效，斜拉绝缘子可以采用杆单元进行等效。阀模块等组件则可以采用质量点的形式进行赋值计算。

对电气设备元件间的连接法兰，按 Q/GDW 11132—2013《特高压瓷绝缘电气设备抗震设计及减震装置安装与维护技术规程》第 6.1.1 条的要求进行简化模拟。典型高压直流断路器结构简化后的抗震仿真模型如图 4－10 所示。

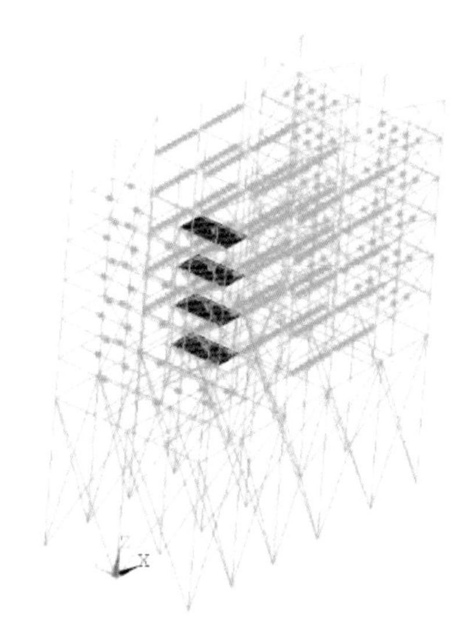

图 4－10　简化高压直流断路器抗震仿真模型

高压直流断路器为户内直流场设备，因此在进行动态仿真计算时无需考虑风、雪载荷等因素。仿真计算得到的典型结果如图 4－11 所示。

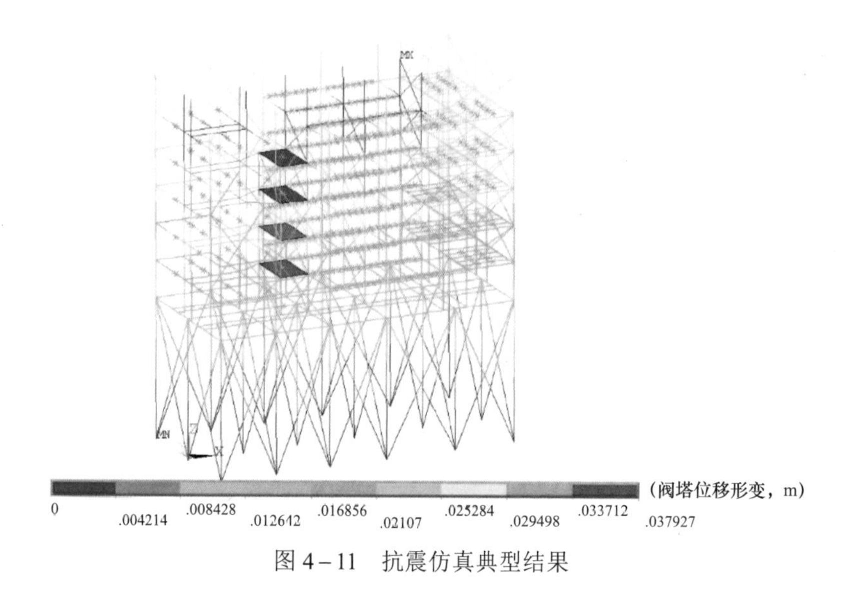

图 4-11　抗震仿真典型结果

同时，建议采用反应谱分析法结合动力时程分析法对设备抗震特性进行综合评估。

4.4　高压直流断路器绝缘配合

4.4.1　绝缘配合原则

对于任何交流或直流高压输电设备，对过电压与绝缘配合的研究都是非常必要的。

绝缘配合是指根据系统设备上可能出现的过电压水平，同时考虑响应的避雷器保护水平，来选择电气设备的绝缘水平。对于高压直流断路器设备，其过电压类型主要有由断路器本身开断而产生的操作过电压，以及外部侵入的大气过电压两种。

针对不同过电压类型，绝缘配合裕度可以参考 GB/T 311.1—2012《绝缘配合　第 1 部分：定义、原则和规则》及 GB/T 311.3—2017《绝缘配合　第 3 部分：高压直流换流站绝缘配合程序》中的原则来进行选取。混合式高压直流断路器可以看作与换流阀类似的设备类别，但同时，高压直流断路器又通常配置于直流场，因此在绝缘配合裕度的选取上，应按照户内直流场设备及换流阀二者中较为严苛的一方来执行。

±800kV 直流输电工程绝缘配合裕度推荐值见表 4-1。

表 4-1　　±800kV 直流输电工程绝缘配合裕度推荐值

设备类型	配合裕度	
	操作过电压	雷电过电压
换流阀	1.15	1.15
直流阀厅设备	1.15	1.15
直流场设备（户外）（包括直流滤波器和直流电抗器）	1.15	1.20

4.4.2 高压直流断路器爬距的选择

高压直流断路器在爬距选择计算方面有别于换流阀及直流场其他设备。因为高压直流断路器端间在正常情况下不存在长期耐压工况（断路器开断后，两端隔离开关开断，隔离系统电压），仅在两端隔离开关故障无法开断时需要承受故障处理时长的系统电压（约 1～2h）。

因此对直流断路器爬距的设计计算分为两个部分：① 直流断路器长期承受系统电压，包括断路器阀支架绝缘子、冷却水路、光纤槽、供能隔离变压器等；② 暂时承受系统电压，包含断路器端间的所有绝缘隔离设备。

同时，爬电距离的设计计算还应考虑当地的污秽程度。对于多数高压直流断路器，其安装布置环境为户内高压阀厅，推荐长期承受系统电压部分的设计爬电距离为 14mm/kV，如有其他不利条件则酌情考虑增加。而对于暂时承受系统电压部分，爬电距离要求可适当降低一级。

4.4.3 高压直流断路器最小空气间隙距离的选择

高压直流断路器内部为复杂集成结构环境。且因其结构特点，绝缘空气间隙往往分为器件（模块）级、阀模块（阀组）级、整塔级甚至塔间级等多个层次，因而涉及的需要计算选择的空气间隙承受冲击电压范围从几千伏至几千千伏不等。

断路器端间电压波形，其波头时间一般在几十微秒，而波尾时间往往持续十几甚至几十毫秒，因此与典型操作冲击波形和雷电冲击波形均不太相同。

因此除在绝缘配合设计裕度方面要留有足够设计空间外，在标准适用性方面也要进行适当的选取。高压直流断路器各层级典型冲击电压范围见表 4-2。

表 4-2　　高压直流断路器各层级典型冲击电压范围

层　级	电压等级（kV）
器件（模块）级	10 以下
阀模块（阀组）级	50～200
整塔级	200～800
塔间级	500 以上

因此，在对最小空气间隙距离进行计算选取时，应依照不同电压等级参考不同标准。

高压直流断路器与特高压换流阀等设备空气间隙计算方法类似。空气净距的查询、计算方法主要依据 GB 311.1—2012《绝缘配合　第 1 部分：定义、原则和规则》、GB/T 311.2—2013《绝缘配合　第 2 部分：使用导则》及 GB/T 16935.1—2008《低压系统内设备的绝缘配合　第 1 部分：原理、要求和试验》等，每种计算方法的适用电压范围不尽相同。

（1）GB 311.1—2012。

1）雷电冲击电压范围：20～2700kV；

2）操作冲击电压范围：750～1950kV；

3）适用于组件级（含层间）[对应高压直流断路器的阀模块（阀组）级和整塔级]、阀塔支架等冲击电压较高的绝缘距离确定。

（2）GB/T 16935.1—2008。

1）雷电冲击电压范围：1.81～450kV；

2）适用于模块级、组件级（含层间）等冲击电压较低的绝缘距离确定。

（3）GB/T 311.2—2013。

1）雷电冲击范围：1～10m 的空气间隙；

2）操作冲击范围：500kV 及以上电压等级，25m 以内空气间隙；

3）适用于阀支架等电压等级较高的绝缘净距计算。

由于低电压等级范围内（<450kV），GB/T 16935.1—2008 与 GB 311.1—2012 计算结果吻合度较高，且安全裕度较高于 GB 311.1—2012，因此可分段采用不同标准进行设计。标准外延计算对比见图 4-12。

对于 0～450kV 雷电冲击电压，可使用 GB/T 16935.1—2018 中的拟合公式进行适当外延计算。

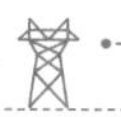

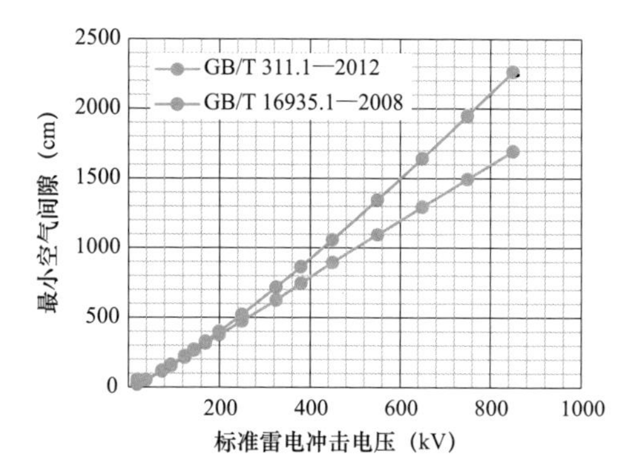

图 4－12 标准外延计算对比

对于 450～700kV 雷电冲击电压，可使用 GB/T 311.1—2012 表 4 中所列数值进行差值计算。

对于 700kV 以上雷电冲击电压，可使用 GB/T 311.2—2013 中的拟合公式进行计算。

5

高压直流断路器控制保护技术及装置

5.1 概述

高压直流断路器安装于直流电网的直流线路上，当发生直流线路故障时，故障电流上升速度极快，需在极短的时间内，由直流断路器控制保护系统控制一次设备按照时序完成分断动作，并实时对这些设备完成状态监视与故障判断，相较于传统的控制保护系统，其时效性要求更高。

5.2 高压直流断路器操作时序及控制策略

为了使高压直流断路器的控制保护系统能够有条不紊地对快速机械开关、半导体单元等进行有效的控制和保护，需对各种操作信号的产生时间、稳定时间、撤销时间及相互之间的关系有严格的要求。对操作信号按时间进行顺序控制，称为操作时序。根据高压直流断路器拓扑及工作原理，本节对断路器的分闸、合闸、重合闸和协调控制的操作时序进行介绍。

5.2.1 分闸操作时序

高压直流断路器收到分闸命令时，主电流支路快速机械开关闭锁，转移电流支路电力电子开关导通，强迫电流转移至转移电流支路。快速机械开关在电流过零后分闸，在零电压、零电流环境下建立绝缘耐受能力，在其足够承受断路器暂态分断电压时，转移支路电力电子开关闭锁，强迫电流转移至能量吸收装置（MOV）中，实现能量吸收和电流转移，如图 5－1 所示。

直流断路器分断分为快分和慢分，保护发出的分断指令为快分指令，控制发出的分断指令为慢分指令，直流断路器分闸流程如图 5－2 所示。

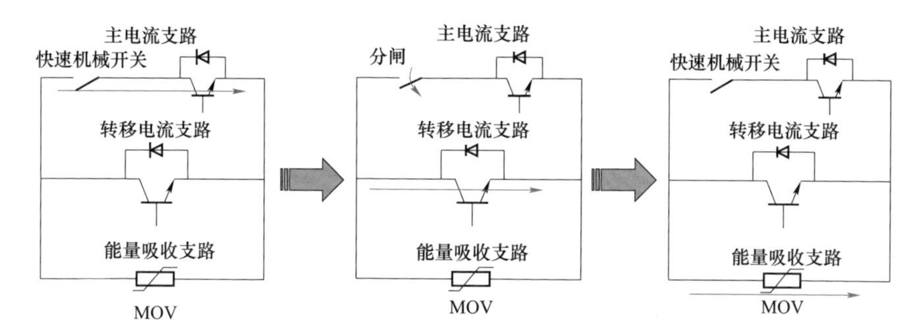

图 5-1　直流断路器分闸原理示意图

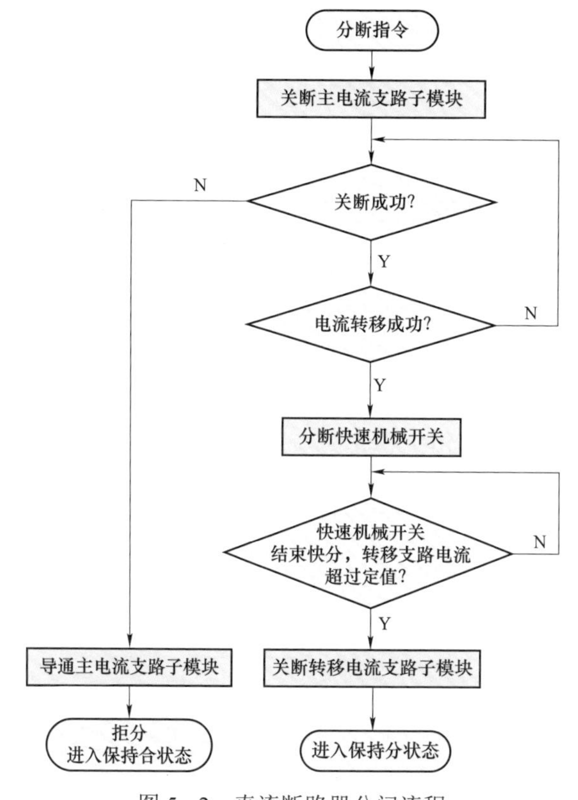

图 5-2　直流断路器分闸流程

直流侧发生故障且直流断路器拒动时，直流断路器控制保护系统在接到分闸指令后快速判断出自身拒动并将拒动信号发送至直流控制保护系统。对于直流侧发生双极短路不接地故障且一极直流断路器拒动的情况，直流断路器具备适当的保护措施，以使得在健全极换流器闭锁的前提下，健全极直流断路器本体及其避雷器不发生损坏。

当直流断路器单次分闸且不需要进行重合闸时，在避雷器冷却时间内，直流断路器具备自锁逻辑，保证直流断路器安全，同时上报直流控制保护系统。

5.2.2 合闸操作时序

合闸时先导通转移电流支路，电流经转移电流支路电力电子开关流通。若在系统故障判断时间内未收到系统分断命令或未达到转移电流支路合闸过电流保护阈值，快速机械开关合闸，导通主电流支路，断路器投入运行，如图 5-3 所示。否则，转移电流支路电力电子开关闭锁，分断退出。

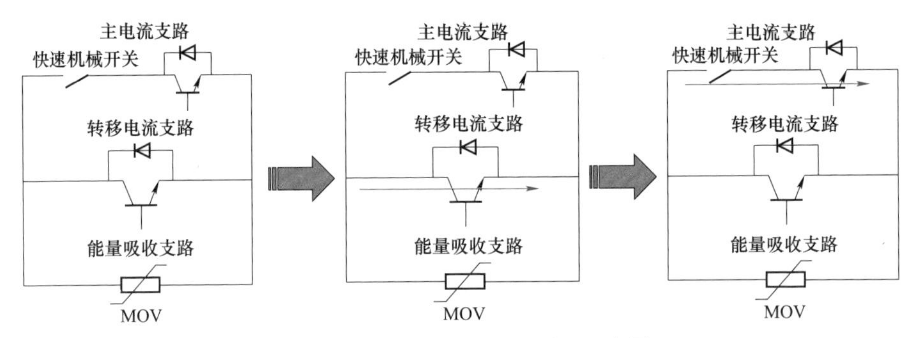

图 5-3　直流断路器合闸原理示意图

直流断路器合闸流程如图 5-4 所示。

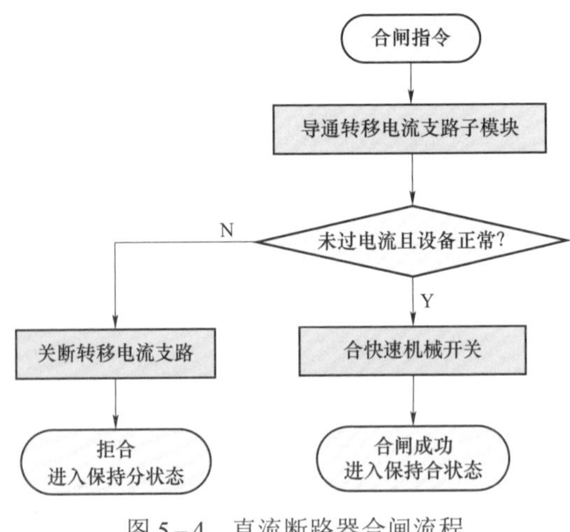

图 5-4　直流断路器合闸流程

5.2.3 重合闸操作时序

直流断路器的重合闸动作控制时序和逻辑与合闸相同，只是在重合闸完成后，为防止避雷器过热增加了相应的自锁功能。

若重合闸成功，则在直流断路器避雷器冷却时间内，直流断路器保持合闸状态（直流断路器具备自锁逻辑），同时上报直流控制保护系统，确保避雷器冷却之前直流断路器不会再次动作；若重合闸失败，则直流断路器在避雷器冷却时间内保持分闸状态（直流断路器具备自锁逻辑），同时上报直流控制保护系统，确保避雷器冷却之前直流断路器不会再次合闸。

当断路器收到重合闸指令，如果为瞬时故障（如雷击）则合闸；如果为永久故障，则检测到转移电流支路过电流后立即闭锁转移电流支路，重合闸失败。

具体的重合闸执行流程如下：

（1）断路器处于合闸状态；

（2）设置断路器在额定电流下运行；

（3）触发短路故障；

（4）故障发生后，向断路器控制保护系统发送分闸指令，执行分闸操作；

（5）发送分闸指令 300ms 后，向断路器控制保护系统发送重合闸指令，执行合闸操作。

重合闸功能正常的判定依据：系统控制保护和监视设备与断路器本体通信信号正常，能够控制断路器本体按照正确逻辑和时序动作。

5.2.4 断路器工作状态切换

断路器控制保护系统软件中，以断路器当前操作为依据将断路器工作状态划分为自检、保持合状态、保持分状态、控制分闸、保护分闸、合闸过程中等。这里的“保持合状态”“保持分状态”是软件流程中的状态划分，与断路器整体的“分位”“合位”定义不同。

在控制分闸、保护分闸、合闸过程中工作状态下，根据向快速机械开关、主电流支路和转移电流支路子模块下发的指令不同，还可细分为小的工作状态。各状态的关系如图 5-5 所示。图中直流断路器控制保护设备（DC breaker controller，DBC）需要首先完成初始化操作，然后开始自检，在自检完成后根据系统的不同指令进行工作状态切换。

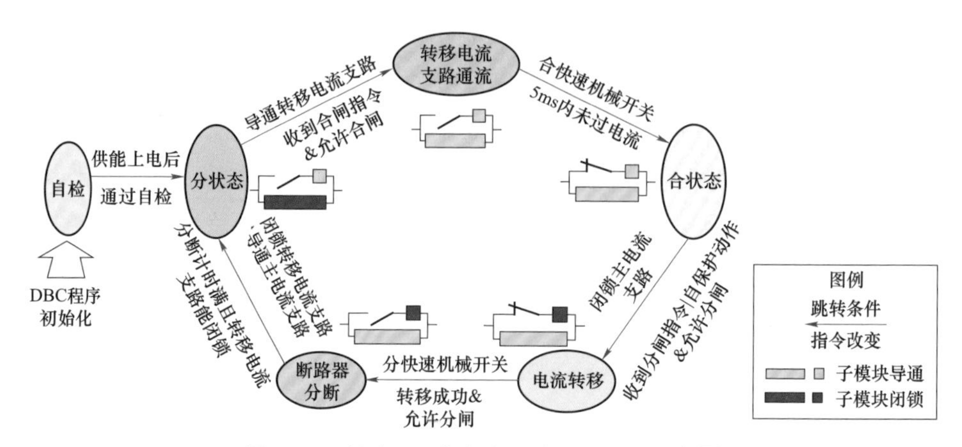

图 5－5　断路器工作状态及其跳转关系示意图

5.2.5　断路器和隔离开关协调控制

高压直流断路器的操作需要与两侧隔离开关和接地开关相互配合：

（1）检测隔离开关状态为可投退供能的状态，避免隔离开关在合位下断路器供能掉电；

（2）检测隔离开关状态是否需要上报“失灵”：如果隔离开关为分位，则在故障下不需要上报“失灵”。

常规的交流断路器与隔离开关和接地开关的连锁逻辑由站控装置来实现，由于直流断路器带有控制保护系统，连锁逻辑也可由直流断路器控制保护系统实现。

5.3　高压直流断路器控制保护系统

高压直流断路器控制保护系统接收换流站控制保护系统下发的动作指令，通过协调控制快速机械开关、主电流支路和转移电流支路电力电子开关等断路器组件，完成直流断路器的分合闸操作，并接收测量装置信号，监视快速机械开关和半导体组件等主设备，以及供能系统、冷却系统等辅助设备的状态，对直流断路器实施有效保护。

5.3.1　直流断路器控制保护系统设计原则

高压直流断路器控制保护系统是一个快速控制保护系统。虽然直流断路器绝大部分时间内都处于导通或者关断的稳态，不需要像换流阀那样进行频繁的器件开通或关断，但在直流断路器分、合闸过程中，电流在各个支路间快速转移，设备电压快速上升，要求快速机械开关和半导体组件之间在时序上精确配合，对控制保护设备的快速性和精确性要求较高。直流断路器控制保护系统设计应注意以下几个方面：

（1）控制保护系统满足直流断路器功能设计要求，能够实现对直流断路器主设备和辅助设备的全面监视和快速分合控制。

（2）控制保护装置应采用完全双重化设计，控制柜、现场总线网、LAN 网、系统服务器和所有相关的直流断路器控制保护系统都为双重化设计。控制保护系统的冗余设计能确保直流断路器不会因为任一控制保护系统的单重故障而发生停运，也不会因为单重故障而失去对直流断路器的监视。

（3）运行人员工作站的软件充分考虑用户对电力自动化系统开放性、可扩展性、可移植性、易维护性、可靠性和安全性等方面的要求。其硬件设备、软件平台和应用程序均采用成熟、先进的技术，具有可靠的备品备件来源，且方便用户自行升级和开发。所有应用程序可视化程度高、界面友好，便于运行人员理解和维护。整个系统采用较强的开放式结构，网络通信规约采用标准的国际通用协议，可方便与其他系统的连接和数据传输。

（4）为了提高保护的可靠性，直流断路器本体保护中的过电流保护按“三取二”设计，每重保护采用不同测量单元和传输通道。

（5）与换流站直流控制保护双系统通信中断时，直流断路器控制保护系统维持当前一次设备的状态，并继续对直流断路器本体故障进行检测，不因控制不当导致直流断路器状态改变，不对直流系统在系统故障期间的性能和故障后的恢复特性产生任何影响。当直流断路器控制保护系统与直流控制保护系统的通信恢复时，直流断路器的运行状态同样不会受到扰动。

（6）系统设计满足换流站内存指标对二次系统可靠性、可用率和可维护性的要求，具有足够的冗余度和 100%的系统自检能力，以保证直流断路器的正常和安全运行。

（7）控制保护设备具有较强的电磁防干扰能力和良好的散热能力，保证设备在各种环境下长期可靠稳定运行。

（8）控制保护系统具有有效的防病毒侵入和扩散措施，采用安全的操作系统。硬件配置防火墙等有效的网络隔离装置；软件采用完善的防、查、杀病毒的程序，严格防止病毒在控制保护系统网络上传播和扩散。网络体系结构满足二次系统安全防护的要求。

（9）直流断路器控制保护系统从硬件、系统设计、系统软件、应用软件等各个方面采取完善的措施来防止控制保护系统死机。

（10）控制保护系统具有自诊断功能，自诊断覆盖率达到 100%，即自诊断功能覆盖信号输入/输出回路、总线、主机、微处理器及所有相关设备，能够检测出上述设备内发生的所有故障，对各种故障均定位到最小可更换单元，并根据不同的故障等级做出相应的响应。

（11）确保控制保护系统网络的安全性和保密性，确保阻止外界非法信号和指令的侵入。主要的网络安全性措施有：① 提高网络操作系统的可靠性；② 物理隔离，主要包括单机物理隔离、隔离集线器、网际物理隔离等；③ 设置通信网关、防火墙；④ 安装防病毒软件；⑤ 安装入侵监测系统；⑥ 安装加密装置；⑦ 布置安全评估系统；⑧ 配置身份认证（PKI）系统。

（12）充分考虑设备的可维护性。在系统设计时，应考虑降低运行操作难度，缩短维修时间，可采用的措施包括：

1）结构布局考虑人机工程因素：① 所有零部件具有良好的可见性、可达性和可拆装性，其电气标识清晰可见并朝向观察者，便于维修人员找到发生故障的零部件，并易于拆卸和更换；② 尽可能优先采用可分离式的部件，如组合的部件结构；③ 考虑维修的安全性；④ 电气接头、插头、插座采用特别的颜色和形状，以防止由于维修人员疏忽大意而接错或插错，造成人为故障。

2）自检定与故障诊断。控制保护系统各部分采用自动化检测和指示装置等故障自诊断手段，以便能正确而迅速地识别出设备故障，从而指导维修人员实现快速维修，减少故障分析和诊断时间，从而提高设备的可靠性，为用户降低运营成本。

3）标准化设计。系统采用模块化、标准化、多功能、系列化设计，可以通过更换最小单元或标准件的方式进行维护，提高设备的可维护性。

4）维修技术支持。按照规定的程序、步骤和方法进行维修，对于能否使设备恢复到完好状态至关重要，这样做不仅可以提高维修率，而且可以降低维修费用，延长设备的工作寿命和减少故障的发生频率，提高设备的可靠性。同时，提供系统必要的维修手册，规定明确的维修性技术要求，使检查、检修程序标准化。

5.3.2 直流断路器控制保护系统架构

断路器控制保护系统需要接收换流站直流控制保护系统的断路器分合信号，并将自身的分合位置信号上传；根据控制时序发控制指令至主电流支路和转移电流支路子模块；根据控制策略控制快速机械开关的分合并接收其分合状态，实时检测断路器设备故障状态并上传；完成对辅助系统的控制和监测。

直流断路器控制保护系统需要具备以下功能：

（1）控制功能。能正确执行分、合等指令。

（2）通信功能。与内部主设备和辅助设备及外部设备进行通信。

（3）自检功能。断路器控制保护设备应能判断自身设备故障，并报出故障等级和执行保护动作。

（4）人机交互功能。包括录波、事件的记录查询、人机界面操作等人机交互和监控功能。

直流断路器控制保护系统可分为运行人员控制层、地电位控制保护设备层和高电位二次设备层三层，如图 5-6 所示。

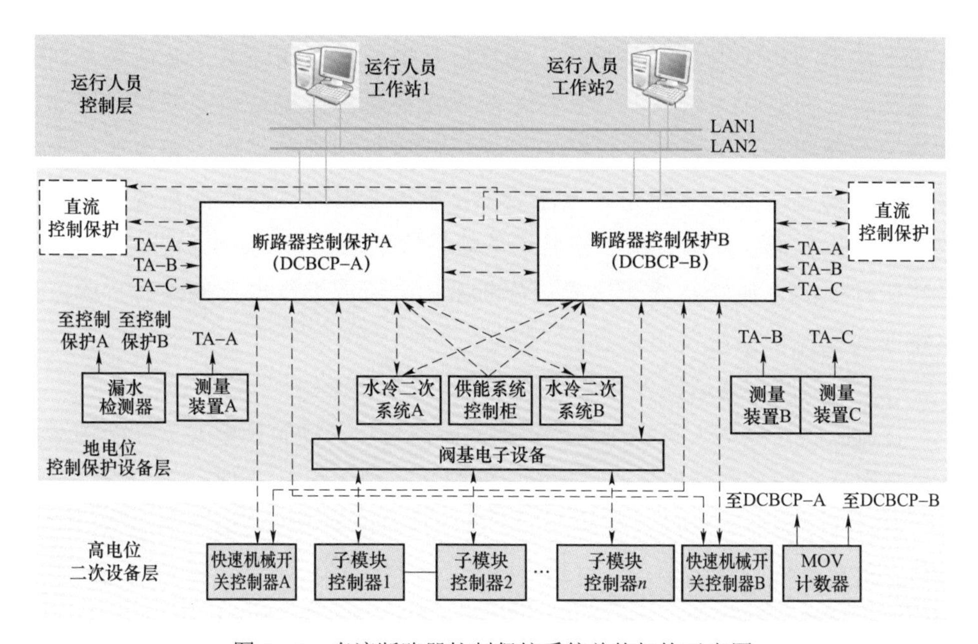

图 5-6 直流断路器控制保护系统总体架构示意图

运行人员控制层主要由运行人员工作站及配套网络设备等构成。配置监控电脑，方便在换流站控制室内对直流断路器进行监视。

地电位控制保护设备层主要有断路器控制保护、用于连接高电位二次设备的阀基电子设备、测量系统的地电位电子设备和合并单元，以及水冷、供能等辅助系统。

高电位二次设备层主要包括快速机械开关控制器、半导体组件的子模块控制器、MOV 计数器等设备。

5.3.3 直流断路器控制保护系统的基本架构

1. 运行人员控制系统

直流断路器运行人员控制系统可按站配置，全站配置一套完全双重化的系统，可接入多套直流断路器控制保护设备，监视直流断路器相关信息。

直流断路器监视系统配置在换流站控制室内对直流断路器进行监视，以便确认电力电子开关组件、快速机械开关、供能设备及直流断路器控制保护和监视设备等的状态，正确指示以上设备的异常或损坏，并提供与现有监视系统兼容的接口。直流断路器监视系统传输及监视的电气量、接口要求等预留满足直流系统控制保护要求。

在所有的冗余电力电子开关组件全部损坏后，监视设备发出警报。如果有更多的电力电子开关组件损坏，导致运行中的直流断路器无法成功分断系统电流时，向监视系统或其他保护系统发出信息。监视系统能够显示快速机械开关分合状态、分合条件等信息，如果快速机械开关损坏，导致运行中的直流断路器无法成功分断系统电流或维持电流通路时，向监视系统或其他保护系统发出信息。监视系统能够显示供能系统状态信息，如果供能系统损坏，导致运行中的直流断路器无法成功分断系统电流或维持电流通路时，向监视系统或其他保护系统发出信息。

（1）直流断路器运行人员控制系统整体架构和基本配置。

直流断路器运行人员控制系统采用双网络设计，配置两台互为冗余的运行人员工作站，通过交换机形成局域网，其整体架构如图 5－7 所示。

运行人员控制系统的软件应充分考虑用户对电力自动化系统开放性、可扩展性、可移植性、易维护性、可靠性和安全性等方面的要求。运行人员控制系统应采用较强的开放式结构，网络通信规约采用标准的国际通用协议，可方便与其他系统的连接和数据传输。

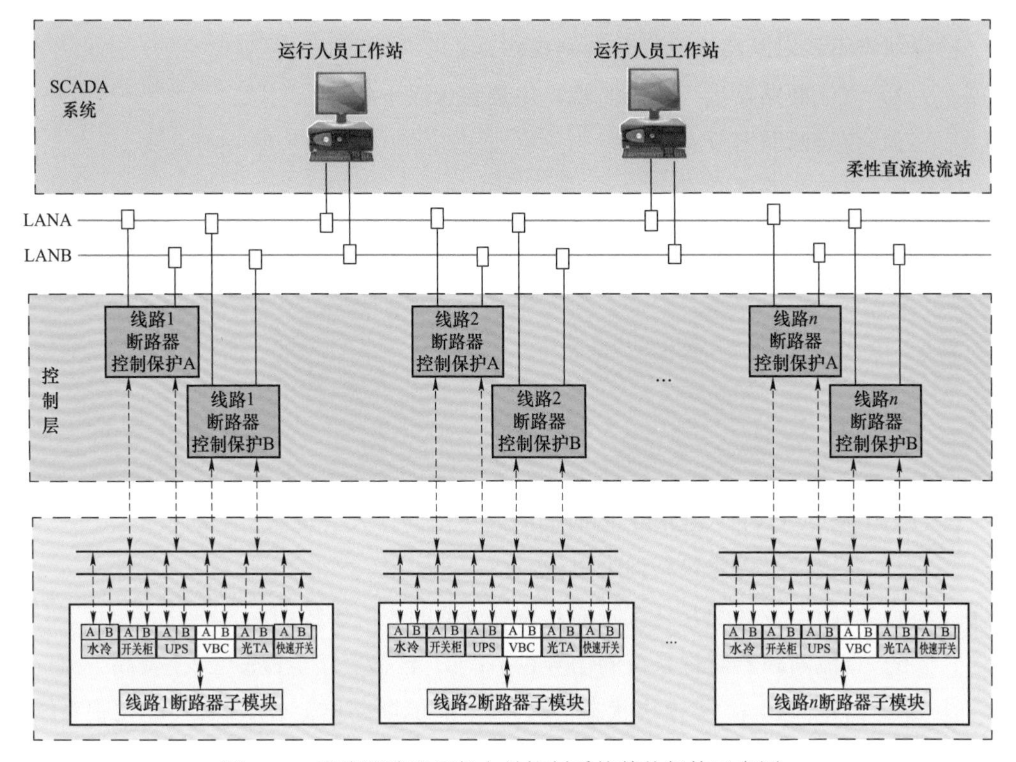

图 5－7　直流断路器运行人员控制系统整体架构示意图

直流断路器运行人员控制系统基本配置如下：

1）直流断路器监视系统，包括冗余 LAN 网、SCADA 前置/历史服务器（数据服务器）、运行人员工作站等。

2）运行人员控制系统网络，运行人员控制系统通过 LAN 网与直流断路器控制系统、直流断路器保护系统连接在一起，开关柜、快速隔离开关、光 TA 和 VBC（阀基控制器）通过直流断路器控制保护系统将遥信、遥测信号发送到运行人员工作站，同时接收遥控信号实现对控制保护系统的监视和控制。

3）规约转换装置，实现与水冷等辅助二次系统的接口，UPS 和水冷系统通过规约转换器将其他通信协议转换成以太网 TCP/IP 协议，连接到运行人员工作站，将这些装置的信息统一集成在直流断路器控制保护系统中。

（2）直流断路器运行人员控制系统基本功能。

运行人员主要通过直流断路器监视系统对直流断路器各部件的状态进行监视，并通过直流断路器监视系统的人机界面——运行人员工作站来实现。运行人员控制系统的基本功能如下：

1）正常运行时进行水冷启停机、供能系统投退等断路器辅助系统的操作；

检修状态下，对断路器进行分合闸操作。

2）直流断路器运行状态监视，主要包含以下状态：

a）直流断路器分态。

b）直流断路器合态。

c）检修状态：① 相关的直流侧隔离开关断开；② 相关的直流侧接地开关闭合等。

d）运行状态：① 相关的直流侧隔离开关闭合；② 相关的直流侧接地开关断开等。

3）相应的备份存储功能。系统提供直流断路器系统运行参数定时自动存储功能。系统数据库以及单独存储的故障录波等数据定期备份存储到外部存储器（CD－ROM 或 DVD－ROM）的时间间隔可由运行人员按需要手动设定。

4）监视信号内容包括但不限于：

a）断路器及其配套直流隔离开关等设备的一次接线图。

b）直流断路器监视系统的信号包括：① 转移支路电流；② 主支路电流；③ 避雷器电流；④ 子模块状态信息；⑤ 直流断路器分合状态；⑥ 控制系统信息。

c）冷却系统：① 主、备用冷却系统的运行工况；② 进出口水温、流量和漏水监视；③ 泵的运行工况；④ 水电导率的监测信号；⑤ 其他所需的一切监视信号。

d）其他系统：① 断路器阀控系统状态；② 快速机械开关运行状态；③ 供能电源运行状态；④ 光 TA 设备状态；⑤ 断路器避雷器动作次数。

5）运行控制命令信号。所有运行操作命令的发出、执行、完成或中断情况均得到监视，并设有防止误操作的确认、纠错等监控功能。

6）监视的事件顺序和中央报警记录包括：

a）所有的运行值和状态信号，当达到或超过设计临界值或限制值时显示告警；

b）所有直流断路器控制保护的动作信号；

c）所有设备或系统的主、备用设备或通道的切换报警；

d）所有设备的自检结果、故障报警；

e）通信系统故障的显示和报警；

f）正常运行时，直流断路器所有的运行控制命令和控制动作过程，以及断路器各子系统运行状态的变化；

g）所有直流断路器本体保护及过流保护的跳闸指令及其相应设备状态变化的顺序记录；

h）对于经过辅助系统接口采集的报警信息，辅助系统接口进行必要的归纳和汇总，形成简洁的事件顺序记录（sequence of event，SOE）上传站服务器。

7）趋势记录。监视本换流站内所有直流断路器的状态并可以连续记录运行方式、设备状态、控制方式和系统运行参数等信息，并按日保存。

8）直流断路器监视系统的暂态故障录波信号包括：

a）状态信号；

b）指令信号；

c）保护跳闸信号；

d）主支路电流、转移支路电流等。

9）系统数据库功能。系统数据库的基本功能是连续、准确地记录直流系统中所有设备的运行参数和运行状态（包括历史记录和实时记录）。系统数据库存储在系统服务器上，实现数据采集、SCADA数据处理、历史存储等功能。SCADA系统服务器的数据库分为实时数据库和历史数据库。实时数据库储存实时的运行参数数据及事件/报警信息等，历史数据库储存历史数据及历史事件信息等。

（3）直流断路器运行人员控制系统人机界面。人机界面实现直流断路器关键设备运行状态实时显示、系统运行参数实时显示、告警事件实时主动上报和“四遥”（遥测、遥信、遥控、遥调）操作等功能。

人机界面主要由监控窗口和告警窗口两部分组成，监控窗口包含主接线（断路器本体）界面、站网结构界面、事件窗口界面等。

1）主接线界面。主接线界面显示直流断路器控制保护系统上传的线路断路器分合状态、控制分闸允许、保护分闸允许、合闸允许，以及直流断路器控制保护系统的运行状态等信息。这些显示按钮只有显示功能，不能进行操作。

2）站网结构界面。站网结构界面显示整个直流断路器控制保护系统当前的运行状态和故障状态。

3）事件窗口界面。SOE能够通过LAN网采集全站直流断路器相关各个二次子系统（如直流控制系统、阀基控制器、快速机械开关、供能系统、水冷系统等）所有预先定义好的事件，并将这些事件处理后汇总为一个统一的SOE文件并存储在系统数据库中，事件窗口即时从数据库中获取SOE并在线刷新和显示。事件的收集和处理工作主要在系统服务器上完成。

文件中每一个事件包括下述信息：

a）时间：按年/月/日/时/分/秒/毫秒格式表述的完整时间标记；

b）对象：生成事件的设备及其所属的区域或子系统；

c）描述：事件的具体描述；

d）等级：如正常、一般故障、严重故障等。

系统对 SOE 文件具有数据过滤、自动统计和归档功能，用户能够从 SOE 中生成各种统计文档，如故障列表、告警列表和其他自定义的文件。

SOE 文件在系统数据库中可靠存储。SOE 文件按日自动保存为一个单独的文件，并与其他的系统数据库文件一并得到可靠的备份。

事件窗口界面可以实时查看断路器控制保护系统的所有报文信息，也可以用来查询历史事件。

2. 直流断路器控制保护系统

直流断路器控制保护系统是完成直流断路器控制和保护功能的主体，其主要控制功能及设计原则包括：

（1）直流断路器控制保护系统保证直流断路器在一次系统正常或故障条件下正确工作，任何情况下都不会因为控制保护系统的工作不当而造直流断路器的损坏，控制参数和控制精度满足工程设计要求，控制保护系统完全双重化，并具有完善的自检及报警功能。

（2）直流断路器控制保护系统严格按照直流控制保护系统的指令执行分合闸操作。

（3）当失去与直流控制保护系统的通信时，直流断路器控制保护系统也能对直流断路器实施有效的控制，不会因为控制不当而对直流系统在上述系统故障期间的性能和故障后的恢复特性产生任何影响。

（4）直流断路器控制保护系统具有对所有直流断路器子模块及快速机械开关的在线巡检功能。在直流断路器已投入带电的直流系统中时，直流断路器控制保护系统在不影响输电的前提下，定期对直流断路器子模块及快速机械开关的状态进行检测。

为保障直流断路器安全、可靠运行，直流断路器控制保护系统配置了系列本体保护，对电力电子开关、快速机械开关、辅助设备等进行故障诊断和保护。本体保护主要包含主设备超冗余保护、辅助设备保护和过流保护等。保护功能的主要设计原则如下：

（1）直流断路器的本体保护动作逻辑与直流系统的保护逻辑是相互配合的，能满足直流电网安全稳定运行和故障穿越的要求。当直流断路器控制保护系统由于自身严重故障被迫分闸或拒动时，会向直流控制保护系统发出被迫分闸/拒动信息。

（2）直流断路器本体保护中的过电流保护按“三取二”设计，电流测量装置按照3套配置，并对电流采集量进行快速传输，减少测量延时。

过电流保护功能的实现有两种方案：① 独立配置3套保护装置和2套“三取二”装置；② 将保护功能集成到双冗余的控制保护装置中。

独立配置3套保护装置架构如图5－8所示。3套保护装置为独立硬件，分别采集3套测量装置信号，完成过电流判断功能，并发送到“三取二”装置。“三取二”装置与控制装置交叉通信，由控制装置最终完成保护动作出口。

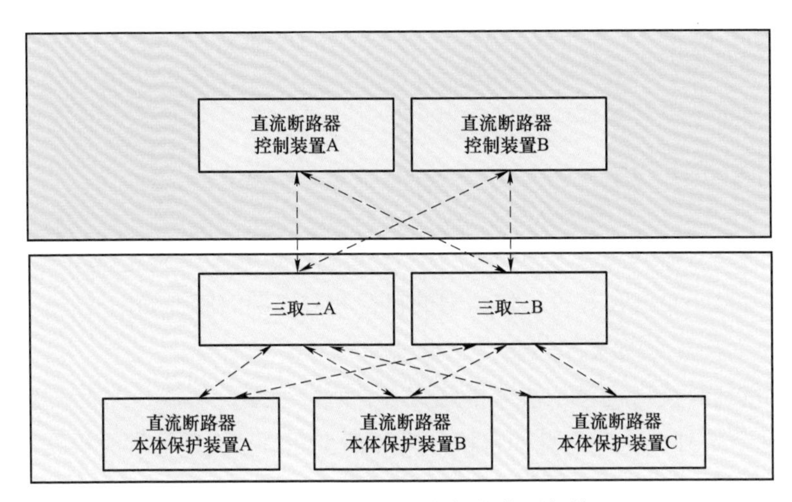

图5－8　独立配置3套保护装置架构

由于“三取二”装置的保护动作出口仍需通过控制发出，不能独立出口保护动作，可将保护功能集成到控制装置中，如图5－6所示。控制保护装置为1套硬件，3套测量装置均接入2套冗余的控制保护装置，在控制保护装置中完成“三取二”逻辑。

5.3.4　直流断路器控制保护系统自诊断功能

控制保护系统具有自诊断功能，自诊断功能覆盖信号输入/输出回路、总线、主机、微处理器及所有相关设备，自诊断覆盖率达到100%，能够检测出上述设备发生的所有故障，对各种故障均定位到最小可更换单元，并根据不同的故障等级做出相应的响应。

对于采用DSP（数字信号处理）芯片和FPGA（现场可编程逻辑门阵列）芯

片的控制保护板卡，如核心控制板、通信板等，此类板卡需运行逻辑程序，因此设计逻辑芯片元件自检功能，令DSP芯片和FPGA芯片等核心逻辑器件互相监测，一旦发生重要元件运行异常即自动上报，系统检出自身故障后自动进行冗余系统切换。

1. 对系统主机和板卡的自检

（1）对主CPU程序执行过程是否正常的监视；

（2）对主机内存是否工作正常的监视；

（3）对主机与其他电路板通信是否正常的监视；

（4）对主机电源的监视；

（5）对主机CPU是否死机的监视；

（6）对机箱背板总线通信自检；

（7）对板卡电源自检；

（8）板卡间互检。

2. 对信号输入和输出回路的自检

主要包括对输入和输出回路CPU、DSP芯片和FPGA芯片程序执行过程是否正常的自检、对内存是否工作正常的自检和对电源的监视等。

3. 对与其他系统交互的信号自检

主要包括对接口机箱、快速机械开关、水冷系统、供能开关柜、光TA和LAN网通信等外部交互信息的自检，当外部交互信号出现异常时根据严重程度进行相应的保护操作，同时上报相关事件。

4. 对GPS信号与IRIG－B对时信号自检

主要包括对输入GPS信号与IRIG－B对时信号的自检，信号丢失时上报相关事件。

5. 现场总线及通信自检

换流站控制系统对系统内部的现场总线以及与其他系统的通信接口进行自检，自检内容包括以下方面：

（1）现场总线通信是否正常；

（2）现场总线节点是否正常；

（3）对现场总线上所传输的信号进行校验。

6. 自检事件报文

在检测到系统故障时，向直流断路器监视系统报警。自诊断功能对故障的任何处理都作为事件触发事件顺序记录。如果自诊断功能在对故障的处理方式中包含令某一系统退出备用状态，则该信号也向运行人员控制系统报警。

5.3.5 直流断路器控制保护系统冗余切换

断路器控制保护系统冗余切换遵循如下原则：在任何时候运行的有效系统总是双重化系统中较为完好的那一重系统。当处于运行状态的系统出现故障退出时，热备用系统会无扰动地切换为运行系统并取得控制权，原运行系统转为热备用状态或服务状态。

控制保护系统包含 Active 和 Standby 两种状态。其中，Active 为当前值班/有效系统，Standby 为当前热备用系统，同时定义 Service 和 Test 两种工作模式，Service 为当前处于工作状态的系统（当系统处于 Active 或者 Standby 状态时，系统也一定处于 Service 状态），Test 为当前处于测试状态的系统。双重化的控制系统在任何时刻都只能有一个系统是 Active 状态。只有 Active 系统发出的命令是有效的，处于 Standby 的系统时刻跟随 Active 系统的运行状态。发生系统切换时，只能切换至正处于 Standby 状态的系统，不能切换至处于其他状态的系统。当系统需要检修时，一般从备用系统开始，将其切换至 Test 状态，检修完毕后重新投入到 Service 状态。

故障等级包括轻微故障和严重故障。

1. 不同等级故障的响应

（1）轻微故障。轻微故障不会引起任何控制功能的不可用。当 Active 系统发生轻微故障，而另一系统处于 Standby 状态，并且无轻微故障，则系统切换。切换后，先前 Active 的系统将处于 Standby 状态。当 Standby 系统发生轻微故障时，系统不切换。

（2）严重故障。当 Active 系统发生严重故障时，如果另一系统处于 Standby 状态，则系统切换，先前 Active 的系统不能进入 Standby 状态，要对该系统做必要的检修后才能继续投入 Standby 状态。当 Active 系统发生严重故障，而另一系统不可用时，则当前 Active 系统继续短时运行。当 Standby 系统发生严重故障时，Standby 系统退出 Standby 状态。

2. 系统切换逻辑

系统切换命令可自动或人工操作发出，切换命令只能从当前运行系统发出。热备用系统的内部故障或测试性操作都不会引起意外的动作。系统切换逻辑禁止以任何方式从有效系统切换至不可用系统。人工操作切换到有故障的备用系统的命令是无效的。在两个冗余系统之间的切换逻辑是完全独立的，有故障的备用系统不会干扰处于运行状态（Active）系统的运行，可以在一个系统运行时对另一个系统进行检修。

通过以下方式进行冗余系统之间的切换：

（1）运行人员发出系统切换指令，可进行冗余系统之间的切换。但是当另一系统处于非 Standby 状态时，系统切换逻辑禁止该切换指令的执行。切换指令可以在运行人员界面发出；在异常情况下，运行人员操作界面无法操作时，也可以在控制系统屏柜的就地切换盘上发出。

（2）断路器控制保护系统在检测到当前有效系统故障时，发出系统切换命令。

（3）当直流控制保护系统与任一台直流断路器的双套控制保护系统均通信故障或信号异常时，由直流控制保护系统执行切换。当直流控制保护系统与任一台直流断路器的单套控制保护系统通信故障或信号异常时，由断路器控制保护系统执行切换。当出现双主系统指令时，直流断路器执行指令靠后的主控制保护系统指令；当出现双备直流控制保护系统指令时，直流断路器维持原状。

5.3.6 直流断路器测量系统

高压直流断路器采用高速电流测量装置对断路器整体和各个支路的电流进行检测，并尽量减小电流测量延时以满足高压直流断路器的快速动作要求。直流断路器电流测点如图 5-9 所示。其中整体电流、主支路电流、转移支路电流一般用于控制保护功能，能量吸收支路电流 MOV 可用于 MOV 动作计数等监视功能。

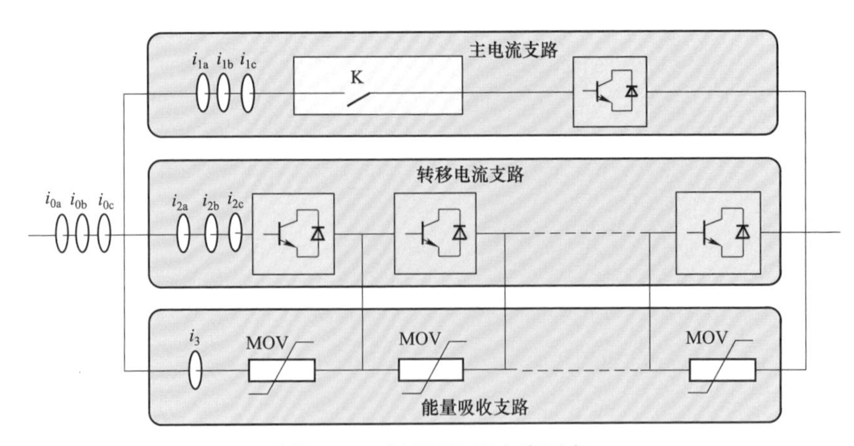

图 5-9　直流断路器电流测点

5.3.7 直流断路器其他二次辅助设备

直流断路器其他二次辅助设备主要包括供能系统二次设备、水冷二次设备等。

供能系统二次设备主要包括供能 UPS 控制器和供能开关柜。直流断路器不能直接从直流线路上获取能量，只能依赖站用电送能。由于供能系统对于直流断路器的正常运行至关重要，为提高可靠性，配置独立的 UPS 电源对直流断路器进行供电，降低对站用电系统可靠性的依赖。供能开关柜主要完成供能系统的启停控制，包括在启动过程中的软启动操作。

控制保护系统与供能系统的连接架构如图 5－10 所示。

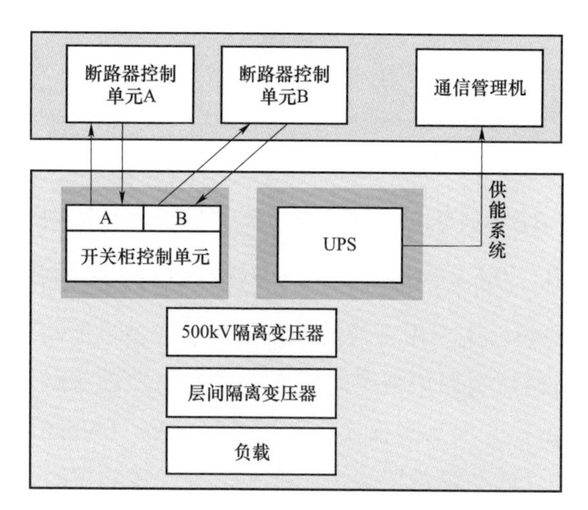

图 5－10　控制保护系统与供能系统的连接架构

断路器控制保护系统针对供能系统进行如下检测及控制：

（1）UPS 传输工作状态到断路器通信管理机，用于后台状态显示；

（2）开关柜传输工作状态到断路器控制保护设备，断路器控制保护设备控制开关柜分断和关合。

5.3.8 直流断路器控制保护系统的设备接口

为提高信号通信的实时性，直流断路器控制保护系统的通信接口主要采用光纤通信，分为光纤脉冲通信和光纤协议通信。其中，光纤协议通信主要采用 IEC 60044－8：2002《互感器　第 8 部分：电子式电流互感器》标准，并将协议中规定的 2.5Mbit/s 提升到 10Mbit/s 甚至 20Mbit/s。

1. 与换流站控制保护设备的接口

直流断路器控制保护系统与换流站控制保护设备的接口结构如图 5－11 所示。

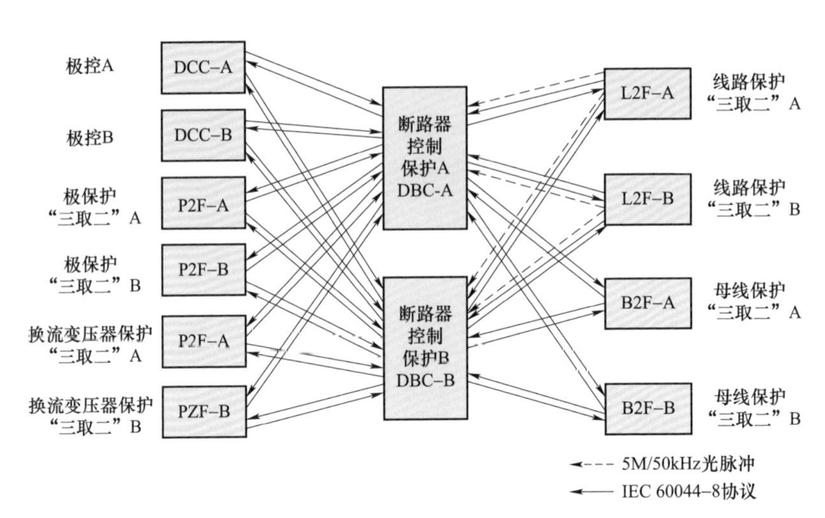

图 5－11 直流断路器控制保护系统与换流站控制保护设备的接口结构

（1）IEC 60044－8 通信协议。直流断路器控制保护系统与外部设备通信采用的 IEC 60044－8 协议，主要用于换流站控制保护设备向断路器发送分、合闸控制命令，直流断路器控制保护系统向换流站控制保护设备回报断路器状态。周期为 100μs 或 25μs，介质为多模光纤，光波长 820～860nm，链路层符合 IEC 60870－5－1：1990《远动设备和系统 第 5 部分：传输规约 第 1 节：传输帧格式》的 FT3 格式。

（2）5M/50kHz 脉冲信号。为提高线路保护跳闸响应速度，直流断路器控制保护装置可增加脉冲信号通路，接收直流线路保护跳闸信号，占空比 50%，5MHz 表示有效状态，50kHz 表示无效状态，频率和占空比的误差范围均在±10%以内。

2. 与半导体组件的接口

由于直流断路器半导体组件中子模块数量达到数百个，一般参照直流换流阀采用阀基电子设备进行接口汇总和转发，接口结构如图 5－12 所示。直流断路器控制装置与阀基电子设备之间通常采用 IEC 60044－8 协议。

3. 与快速机械开关之间的接口

快速机械开关通常采用多断口设计，并且每个断口均有单独的控制器。开关数量远少于半导体组件的子模块，目前已有工程在 10 个以内，因而可直接通过控制保护装置与机械开关控制器通信，也可通过阀基控制设备转发。此外，为提供通信可靠性，快速机械开关控制器可采用双冗余配置，并与断路器控制保护装置交叉通信，如图 5－13 所示。通常采用 IEC 60044－8 协议。

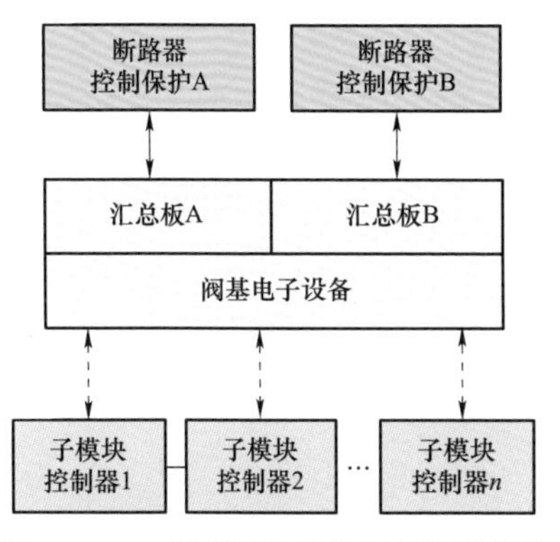

图 5－12 直流断路器控制保护装置与半导体组件子模块的接口结构

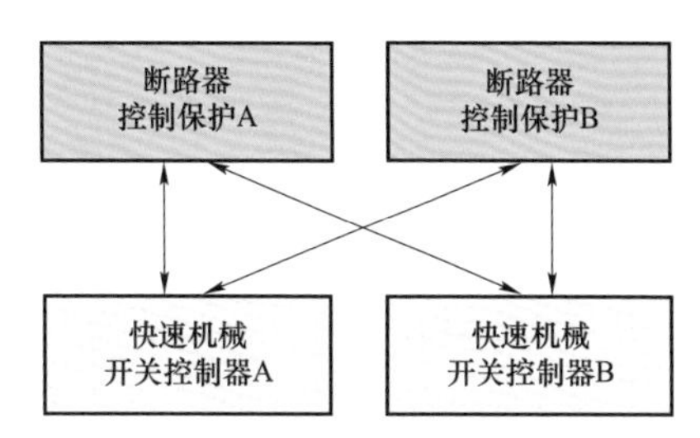

图 5－13 直流断路器控制保护装置与快速机械开关控制器的接口

4. 与水冷控制系统的接口

水冷控制系统采用双重化配置，水冷控制系统与断路器控制保护装置之间采用“交叉互联”的方式，即每套水冷控制系统与断路器控制保护装置均实时交换信号，如图 5－14 所示。水冷控制系统的在线参数、设备状态及报警等信息以 IEC 61850 或 Profibus（简称 PRO）总线方式直接送至断路器监视后台。

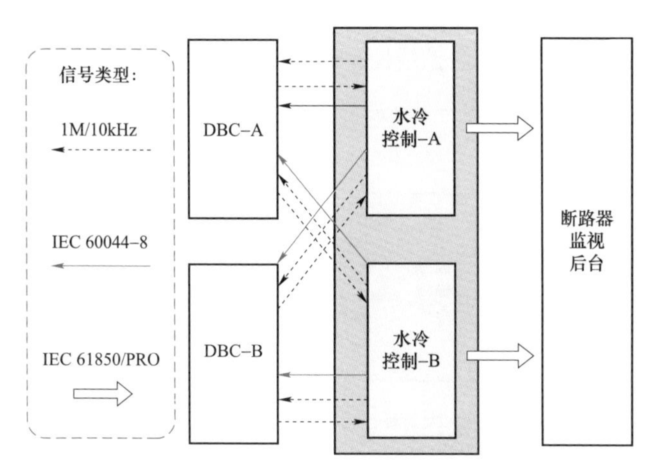

图 5－14 直流断路器水冷控制系统与控制保护装置的接口

5.3.9 直流断路器控制保护系统录波

断路器控制保护系统可以人工或自动记录直流断路器的主要电气状态数据、波形和直流控制保护系统通信的所有电气信号、断路器控制保护系统内部的关键中间信号等。由于断路器分、合闸时间较短（不超过 100ms），而分、合闸过程中动作时序要求严格，为便于分析，通常提高录波的分辨率，降低录波时间。录波量包括但不限于以下内容：

（1）断路器各支路电流；

（2）模块冗余状态；

（3）快速机械开关分、合位置信号；

（4）子模块动作指令；

（5）快速机械开关动作指令等。

5.4 高压直流断路器快速故障检测系统

高压直流断路器快速故障检测系统通过检测相关信号，快速判断系统是否发生故障及故障的类型，并将故障信号传送给直流断路器控制单元。确保快速故障检测系统能够快速而准确地判断出故障及故障类型，对于高压直流断路器的正常工作具有重要意义。

高压直流断路器快速故障检测系统原理示意图如图 5－15 所示，直流母线上的被测电压、电流信号需要经过测量系统转换后传输给控制机箱，控制机箱通过光纤通信将测量信号及故障信号发送给直流断路器控制保护系统，若有故障，则断路器快速响应，以达到保护线路的作用。

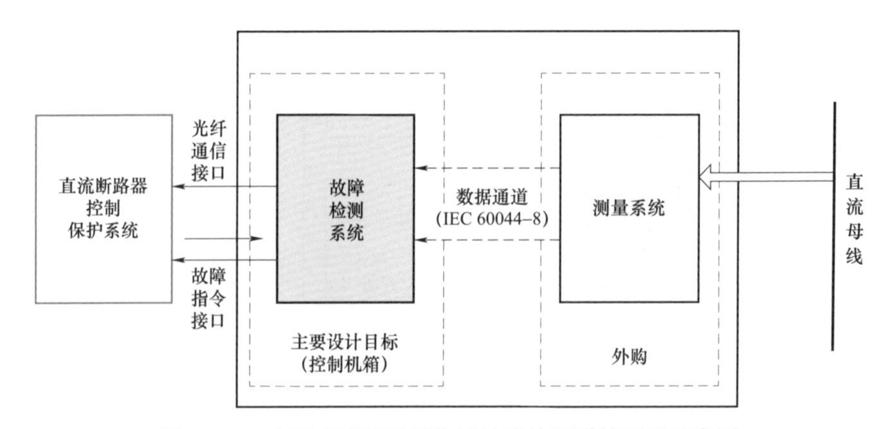

图 5－15　高压直流断路器快速故障检测系统原理示意图

快速故障检测系统由两部分组成：① 由光电流互感器及其合并单元组成的测量系统；② 故障检测系统。故障检测系统将接收到的光电流、光电压信号解析后，输出直流系统故障信号，故障信号采用光信号输出，用于保护装置的跳闸。

5.4.1 故障检测系统总体设计

高压直流断路器快速故障检测系统测试框图如图 5–16 所示。

电压互感器合并单元输出 2 路电压信息至故障检测系统，2 路电压信息采用 IEC 60044–8 协议，采用曼彻斯特编码输出，传输频率 50kHz（即传输周期 20μs），传输时钟频率为 20Mbit/s。

电流互感器合并单元输出 2 路电流信息至故障检测系统，2 路电流信息采用 IEC 60044–8 协议，采用曼彻斯特编码输出，传输频率 50kHz（即传输周期 20μs），传输时钟频率为 20Mbit/s。

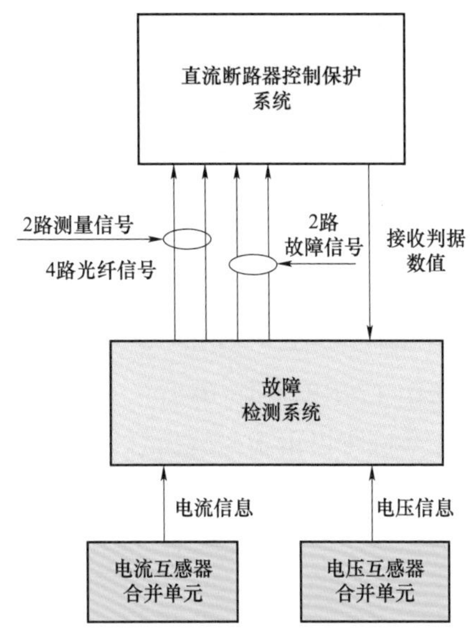

图 5–16 高压直流断路器快速故障检测系统测试框图

故障检测系统同时接收电压、电流合并单元的信息，并从接收的数据中提取有效电压信息和电流信息并将信息打包，再进行结果数据处理，分析可能的故障消息，然后将故障信号通过 2 路光纤输出给直流断路器控制保护系统。

5.4.2 故障检测系统功能概述

（1）测量系统测量线路上的电压和电流信息，将电流变化率、电压变化率、电流过零与否、电流幅值、电压幅值信息及测量系统工作状态传输给故障检测系统控制机箱；

（2）故障检测系统控制机箱接收断路器控制保护系统发送的判据数值，同时接收测量系统发送的电压、电流等测量信息；

（3）若测量系统存在故障，则故障检测系统控制机箱将状态信息发送给断路器控制保护系统，做出相应的响应；

（4）故障检测系统控制机箱将接收的判据和接收到的信息做比较，判断是否有故障存在；

（5）故障检测系统控制机箱将故障信号和物理量上传给断路器控制保护系统。

5.4.3 故障检测系统技术指标

（1）工作电压：DC 24V；

（2）信号延时（接收信号至故障出口之间的时间）：<50μs。

5.4.4 故障检测系统算法

（1）过电流判断。故障检测系统实时监视线路上的电流幅值 i，与接收的断路器控制保护系统的阈值 I_M 进行比较，比较前将电流信息 i 处理为绝对值。若 $i \geq I_M$，则故障标志位 OVER_CURRENT=1；若 $i < I_M$，则故障标志位 OVER_ CURRENT=0。

实际中，由于电流信息 i 本身存在一个偏差 Δi（正偏或负偏），这就导致在过电流比较中，过电流标志位会出现抖动现象，故采用区间阈值的处理方法，如若 $i \geq I_M$，则故障标志位 OVER_CURRENT=1；若 $i < (I_M - \Delta i)$，则故障标志位 OVER_CURRENT=0。

（2）过电压判断。故障检测系统实时监视线路上的电压信息 u，u 存在偏差 Δu，将 u 和接收断路器保护系统的阈值 U_M 进行比较，比较前将电压信息 u 处理为绝对值。若 $u \geq U_M$，则故障标志位 OVER_VOLTAGE=1；若 $u < (U_M - \Delta u)$，则故障标志位 OVER_VOLTAGE=0。

其中，Δu 为电压采样偏差。

（3）电流变化率故障判断。故障检测系统实时接收测量系统发送的电流变化率信息 $\mathrm{d}i/\mathrm{d}t$，与接收断路器保护系统的变化率阈值 $\mathrm{d}i_M$ 进行比较。若 $\mathrm{d}i/\mathrm{d}t \geq \mathrm{d}i_M$，则故障标志位 FAULT_ CURRENT_RATE=1；若 $\mathrm{d}i/\mathrm{d}t < (\mathrm{d}i_M - \Delta i_{rate})$，则故障标志位 FAULT_ CURRENT_RATE=0。

其中，Δi_{rate} 为电流变化率采样偏差。

（4）电压变化率故障判断。故障检测系统实时接收测量系统的电压变化率信息 $\mathrm{d}u/\mathrm{d}t$，与接收断路器保护系统的变化率阈值 $\mathrm{d}u_M$ 进行比较。若 $\mathrm{d}u/\mathrm{d}t \geq \mathrm{d}u_M$，则故障标志位 FAULT_ VOLTAGE _RATE=1；若 $\mathrm{d}u/\mathrm{d}t < (\mathrm{d}u_M - \Delta u_{rate})$，则故障标志位 FAULT_ VOLTAGE _RATE=0。

其中，Δu_{rate} 为电压变化率采样偏差。

（5）电流过零判断。故障检测系统接收测量系统发送的电流过零信息。

5.4.5 故障检测系统组成

故障检测系统由电源板、通信板和主控板组成，见图 5－17。其中通信板接收测量系统的测量数据，然后通过背板差分通信将测量数据发送至主控板，主控板接收断路器控制保护系统的阈值，将测量数据和阈值进行比较，将比较结果及测量数据通过光纤发送端口发送至断路器控制保护系统。

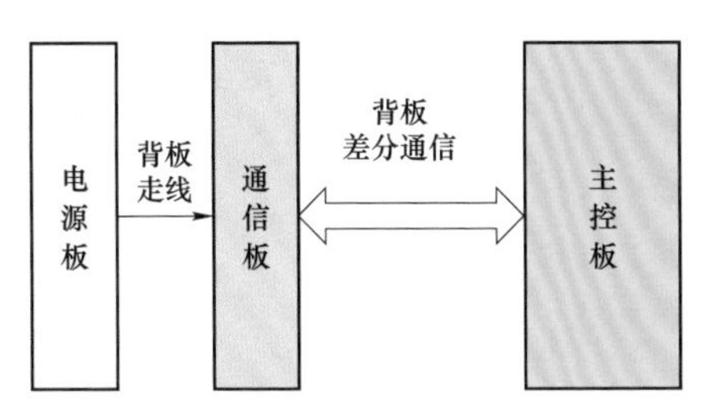

图 5－17 故障检测系统组成图

5.5 高压直流断路器故障诊断和保护技术

5.5.1 故障类型及其诊断方法

为保障直流断路器安全、可靠运行，直流断路器控制保护系统需要对电力电子开关组件、快速机械开关、辅助设备等进行故障诊断和保护。

保护主要包含主设备超冗余保护、辅助设备保护和过电流保护等。所涉及的故障类型包括主电流支路子模块故障数超冗余、转移电流支路子模块故障数超冗余、快速机械开关断口故障数超冗余、直流断路器控制保护系统本体故障、水冷系统本体故障、UPS 电源故障、MOV 故障、阀塔漏水故障、供能变压器故障、主电流支路过电流故障、转移电流支路过电流故障、合闸过电流故障。根据故障类型和诊断方法，配置了包括主电流支路子模块故障数超冗余保护、转移电流支路子模块故障数超冗余保护、快速机械开关断口故障数超冗余保护、直流断路器控制保护系统本体保护、水冷系统本体保护、UPS 电源故障保护、MOV 故障保护、阀塔漏水检测保护、供能变压器故障检测保护、主电流支路过电流保护、转移电流支路过电流保护、合闸过电流保护共 12 种保护。根据高压直流断路器拓扑及工作原理确定了各保护类型的诊断原则，具体如下。

（1）主电流支路子模块故障数超冗余保护。诊断原则：当主电流支路子模块出现异常时，向直流控制保护系统发送报警信号；如果异常级数超过冗余时，直流断路器不允许动作，并向直流控制保护系统发送报警信号。

（2）转移电流支路子模块故障数超冗余保护。诊断原则：当转移电流支路子模块出现异常时，向直流控制保护系统发送报警信号；如果异常级数超过冗余时，直流断路器不允许动作，并向直流控制保护系统发送报警信号。

（3）快速机械开关断口故障数超冗余保护。诊断原则：当快速开关断口出现异常时，向直流控制保护系统发送报警信号；如果异常断口数超过冗余时，直流断路器不允许动作，并向直流控制保护系统发送报警信号。

（4）直流断路器控制保护系统本体保护。诊断原则：直流断路器控制保护系统采用冗余配置，当主系统为单系统且异常时，切换至正常系统运行，并向直流控制保护系统发送报警信号；当从系统为单系统且异常时，退出备用状态，并向直流控制保护系统发送报警信号；当主、从双系统同时出现异常时，直流断路器不允许动作，并向直流控制保护系统发送报警信号。

（5）水冷系统本体保护。诊断原则：当主电流支路水冷系统的进水温度、流量超过保护定值时，直流断路器不允许动作，并向直流控制保护系统发送报警信号。

（6）UPS 电源故障保护。诊断原则：当 UPS 电源系统主机故障时，直流断路器不允许动作，并向直流控制保护系统发送报警信号。

（7）MOV 故障保护。诊断原则：当直流断路器进行重合闸时，若重合闸成功，则在直流断路器 MOV 冷却时间内不允许分闸，同时上报直流控制保护系统；若重合闸失败，则直流断路器在 MOV 冷却时间内不允许合闸，同时上报直流控制保护系统。

（8）阀塔漏水检测保护。诊断原则：每个阀塔底部有一个检漏计，用于监视阀塔的漏水情况。当阀冷却系统发现泄漏时，泄漏的冷却液在阀底屏蔽金属板的引导下流入检漏计的翻斗内。当翻斗储水达到翻斗高度 2/3 位置时，翻斗会自动倾翻，将漏液导入阀底屏蔽罩内，然后复位。翻斗倾翻时会阻断检漏计与系统的光导回路，由此向系统发送一个信号；翻斗每次倾翻，光通道被阻挡，系统接收一个漏水计数信息。当冷却液泄漏率超过保护定值时，向直流控制保护系统发送报警信号。

（9）供能变压器故障检测保护。诊断原则：当供能变压器的气压、温度超过保护定值时，向直流控制保护系统发送报警信号。

（10）主电流支路过电流保护。诊断原则：当直流断路器接收到直流控制保护系统发出的分闸指令时，若主电流支路电流小于过电流保护定值，则正常分

断；若主电流支路电流不小于过电流保护定值，则直流断路器不允许动作，并向直流控制保护系统发送报警信号。

（11）转移电流支路过电流保护。诊断原则：在分闸过程中，当转移电流支路电流不小于过电流保护定值时，直流断路器立即闭锁转移电流支路，以保护转移电流支路电力电子开关，并向直流控制保护系统发送报警信号。

（12）合闸过电流保护。诊断原则：如断路器所在线路在合闸前存在接地故障，合闸时当直流断路器电流不小于过电流保护定值时，直流断路器立即闭锁转移电流支路进行分断，并向直流控制保护系统发送报警信号。

5.5.2 故障保护技术

针对上述12种保护类型，直流断路器本体保护动作逻辑与直流系统的保护逻辑需要相互配合，以满足直流电网安全稳定运行和故障穿越的要求。当直流断路器控制保护系统由于自身严重故障被迫分闸或拒动时，会向直流控制保护系统发出被迫分闸/拒动信息。

直流断路器本体保护中的过电流保护按“三取二”设计，电流测量装置按照三套配置。每重保护系统都配有各自独立的电流测量装置。

正常情况下，直流断路器控制保护系统过电流保护的输出结果采用“三取二”逻辑，即有两套及以上保护系统动作才输出总的保护动作结果。如果有一套直流断路器保护系统发生故障，则在剩余的两套正常运行的直流断路器保护系统采用“二取一”逻辑输出过电流保护的保护动作结果，即有一套或两套保护系统动作才输出总的保护动作结果。如果有两套直流断路器保护系统发生故障，则在剩余的一套正常运行的直流断路器保护系统采用“一取一”逻辑输出过电流保护的保护动作结果，即有一套保护系统动作才输出总的保护动作结果。如果三套直流断路器保护系统都发生故障，则直流断路器保护系统不输出总的保护动作结果。

直流断路器主要保护的整定原则为：

（1）主电流支路子模块故障数超冗余保护定值整定原则：根据主电流支路阀组的冗余数整定。

（2）转移电流支路子模块故障数超冗余保护定值整定原则：根据转移电流支路阀组的冗余数整定。

（3）快速机械开关断口故障数超冗余保护定值整定原则：根据快速开关断口冗余数整定。

（4）直流断路器控制保护系统本体保护定值整定原则：根据直流断路器控制保护系统主、从双系统的故障状态整定。

（5）水冷系统本体保护定值整定原则：接收水冷系统的故障信号。

（6）UPS 电源故障保护定值整定原则：接收 UPS 系统的故障信号。

（7）MOV 故障保护定值整定原则：根据 MOV 的冷却时间整定。

（8）阀塔漏水检测保护定值整定原则：根据水冷系统设计整定。

（9）供能变压器故障检测保护定值整定原则：接收供能变压器的故障信号。

（10）主电流支路过流保护定值整定原则：根据直流断路器的分断能力整定。为保证分断过程中转移电流支路电流小于其分断值，并尽可能避免直流断路器在接到分闸指令之前因主电流支路电流达到保护定值而误动作，结合考虑测量延迟、通信延迟、信号处理延迟等因素对主电流支路过流保护定值进行合理整定。

（11）转移电流支路过电流保护定值整定原则：根据转移电流支路的电流分断能力，结合考虑测量延迟、通信延迟和信号处理延迟等因素对转移电流支路过流保护定值进行合理整定。

（12）合闸过电流保护定值整定原则：为实现直流断路器合闸于故障线路时快速分断，降低对系统冲击和 MOV 吸收能量，该过流保护定值可低于转移电流支路过流保护定值。

6 高压直流断路器试验技术

6.1 概述

电力电子设备是电力设备中综合复杂性最高的一类，其电气试验的目的在于验证电力电子设备在电力系统中电气运行的可靠性和安全性。高压直流断路器不仅具备电力电子设备的特点，还融合了一部分机械式高压断路器的特性，这进一步增加了高压直流断路器的电气试验设计难度。

电气试验主要考核设备的设计合理性。对于电力电子设备，设计包括但不仅限于电气设计、结构与绝缘设计、均压与均流设计、控制保护系统设计、监测系统设计、供能系统设计、冷却系统设计及其他辅助系统设计等。

电气试验需要能够全面模拟设备各种运行方式。高压直流断路器正常运行方式包括长期耐压、长期满负荷通流、过负荷通流、小电流开断、额定电流开断、短路电流开断、额定电流关合、短路电流关合以及重合闸等。高压直流断路器异常运行方式包括短时电流耐受、操作过电压耐受、雷电过电压耐受、邻近设备操作引起的电磁干扰耐受等。

高压直流断路器电气试验分为例行试验和型式试验两大类。设备部件完备性的考核由例行试验完成，设备整体绝缘性的考核由电气绝缘型式试验完成，设备整体功能性的考核由电气运行型式试验完成。

本章首先介绍直流断路器的试验应力等效性分析，然后分别介绍例行试验和型式试验。

6.2 试验应力等效性分析

6.2.1 高压直流断路器应力分析

高压直流断路器的配置目标就是充分覆盖并及时处理直流线路最苛刻的故

障应力。以双极四端口字形柔性直流电网为例，系统采用断路器与平波电抗器分布式布置，共需 16 台高压直流断路器，断路器保护范围为直流输电线路平波电抗器之间的区域，如图 6-1 所示。

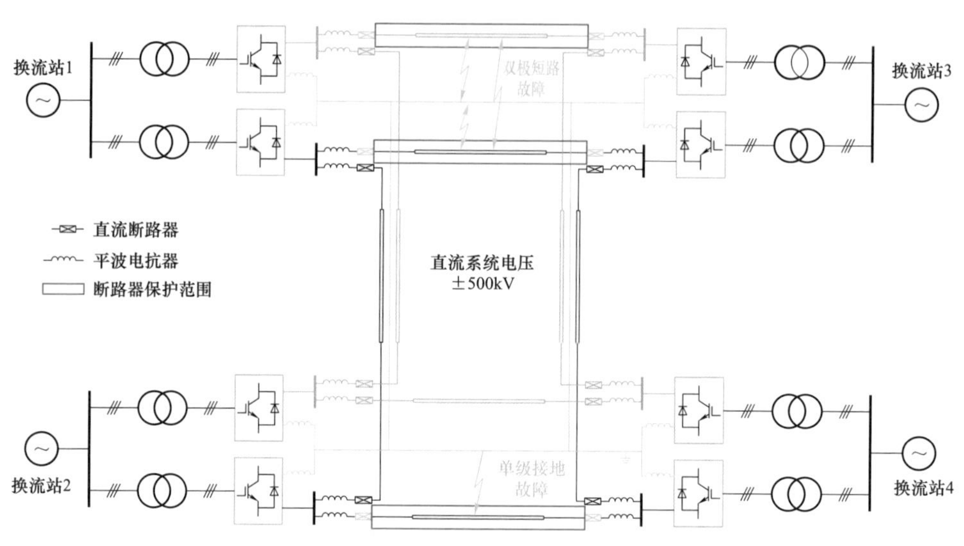

图 6-1　双极四端口字形柔性直流电网主接线图

在双极系统中，无论是发生单极接地故障还是双极短路故障，直流输电线路短路过电流的发展都包括两个阶段：① 子模块电容通过桥臂电抗及直流线路平波电抗器沿故障点放电；② 交流系统通过故障点形成短路。两者共同决定了故障电流水平。由于断路器可以提供毫秒级的保护，在断路器分断暂态过程中，上述第一个阶段为主要的影响。因此，发生短路故障的双极接线柔性直流电网系统暂态条件下可等效为由带初始状态的 L、C、R 元件构成的网络。图 6-2 为典型双极四端口字形柔性直流电网故障暂态等效电路图。

对于任何拓扑的柔性直流电网，可假设网络的关联矩阵、电阻矩阵、电感矩阵和电容矩阵分别为 $\boldsymbol{A}_{\mathrm{t}}$、$\boldsymbol{R}_{\mathrm{t}}$、$\boldsymbol{L}_{\mathrm{t}}$ 和 $\boldsymbol{C}_{\mathrm{t}}$，柔性直流电网短路故障后的矩阵方程组为

$$\begin{cases}\boldsymbol{A}_{\mathrm{t}}\boldsymbol{U}=\boldsymbol{R}_{\mathrm{t}}\boldsymbol{I}+\boldsymbol{L}_{\mathrm{t}}\boldsymbol{I}' \\ \boldsymbol{U}'=\boldsymbol{C}_{\mathrm{t}}\boldsymbol{I}\end{cases} \tag{6-1}$$

网络初始状态下，双极接线柔性直流电网系统存储的能量为

$$E_{\mathrm{s}}=\sum_{n=1}^{N}\frac{1}{2}C_nU_{\mathrm{C}_n}^2+\sum_{n=1}^{N}\frac{1}{2}L_nI_{\mathrm{L}_n}^2 \tag{6-2}$$

式中：C_n 为等效电容；L_n 为等效电感；U_{C_n} 为系统初始电压；I_{L_n} 为系统初始电流。

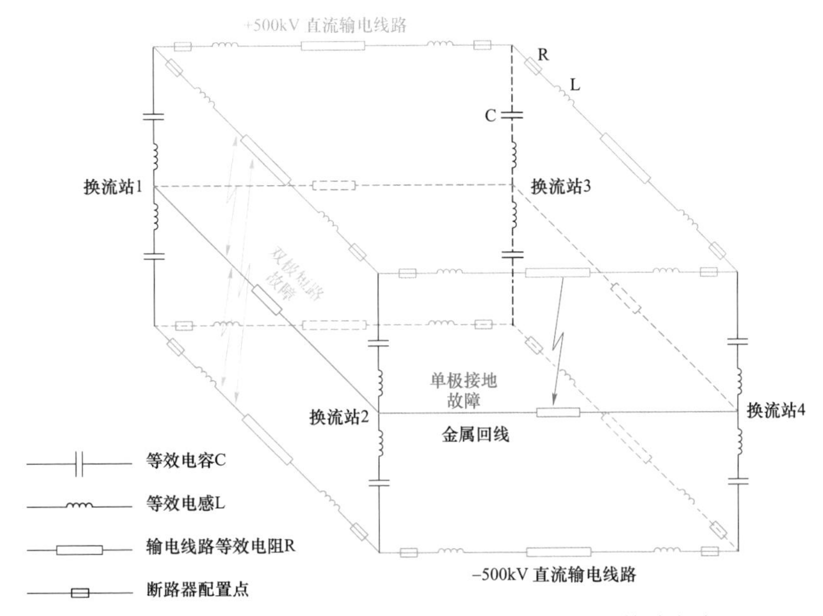

图 6－2　双极四端口字形柔性直流电网故障暂态等效电路

故障发生之后，一旦直流断路器动作，上述能量将在数毫秒内涌入直流断路器，引发剧烈的能量冲击。当然，由于断路器的能量终止作用，系统能量 E_s 不可能全部释放。但这些能量中被释放的部分也会高达数十至数百兆焦级别，该能量冲击将在断路器上施加复杂和强烈的应力，怎样提取这些关键的特征应力参数，是本章所要解决的核心问题。

单极接地故障和双极短路故障是柔性直流电网直流输电线路故障的两种主要形式。暂时性或永久性的单极接地故障和双极短路故障是直流输电线路过电流的主要原因。对称双极接线柔性直流电网系统，无论网络拓扑是环型、辐射型、网格型或复合型，理论上发生单极接地故障和双极短路故障后，其暂态特征区域可归纳为图 6－3 和图 6－4 所示两种典型。

单极接地故障发生时，保护选择分断故障线路两端的断路器来切除故障点。理论上，对于复杂拓扑的直流网络，故障应力特性直接涉及同极性的至少四个换流站，包括故障线路两端的两个换流站及分别与这两个换流站共母线的两个换流站，如图 6－3 所示。

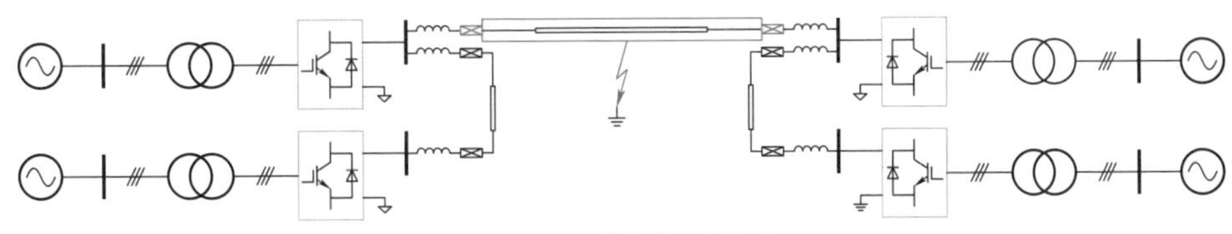

图 6－3　单极接地故障

双极短路故障发生时，保护选择分断故障线路两端的四台断路器来切除故障点。理论上，对于复杂拓扑的直流网络，故障应力特性直接涉及同极性的至少四个换流站和异极性的至少四个换流站，如图 6-4 所示。

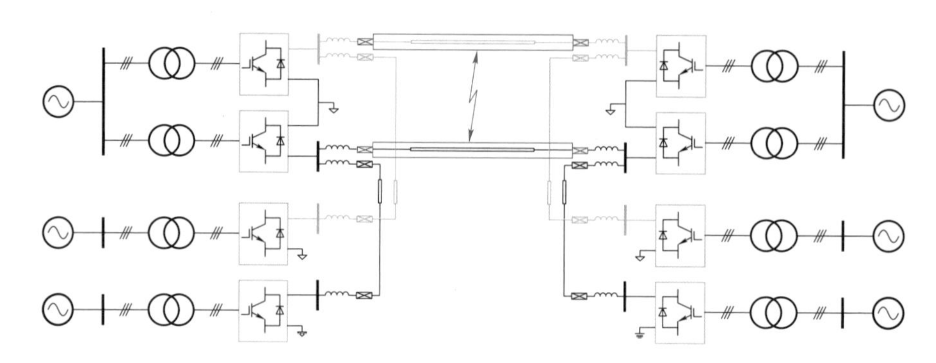

图 6-4　双极短路故障

为分析最苛刻的故障电流情况，对应图 6-3 和图 6-4 典型节点，将换流阀子模块电容放电与交流侧短路放电合并等效为理想直流源，忽略电网杂散参数影响，分别得出单极接地故障和双极短路故障的等效电路图，如图 6-5 和图 6-6 所示。其中，将故障线路两端的两个换流站等效为主馈入直流源 U_{dc_main}，将与这两个换流站共母线的所有换流站等效为副馈入直流源 U_{dc_aux}，主要考虑故障线路电抗 L_{main} 和电阻 R_{main} 以及故障相关线路电抗 L_{aux} 和电阻 R_{aux}，设故障点距离系数为 k（$0 \leqslant k \leqslant 1$）。

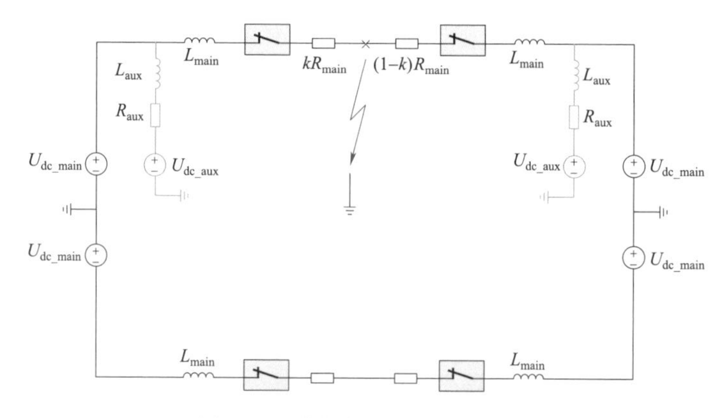

图 6-5　单极接地故障等效电路

根据双极系统对称特性，在毫秒级暂态响应条件下，将双极短路故障等效为正负极线路同时发生的单极接地故障，两种典型故障电路可以简化为图 6-7

所示电路。

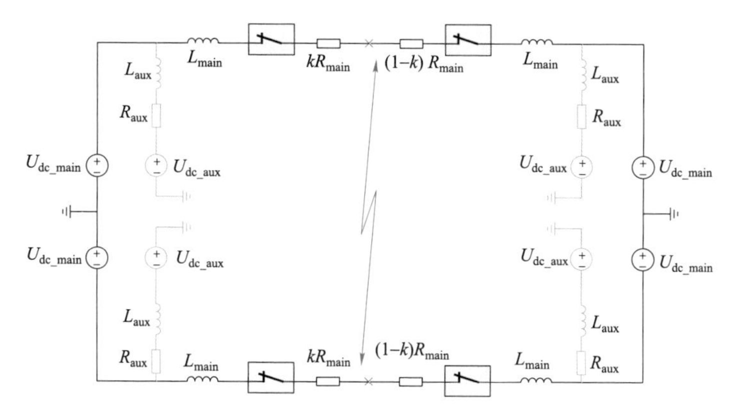

图 6－6　双极短路故障等效电路

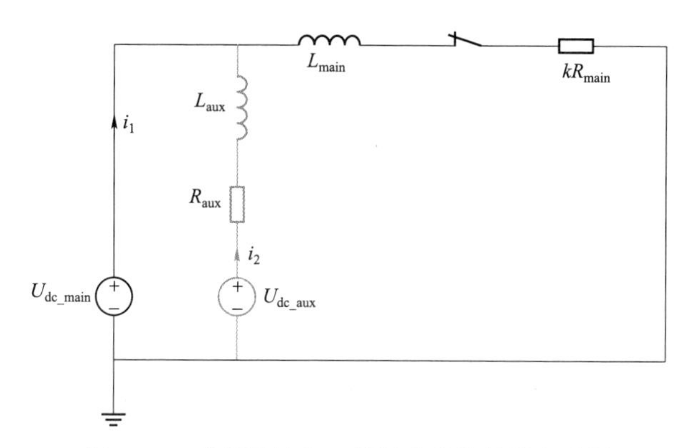

图 6－7　单极接地和双极短路故障等效电路图

发生故障时，近端换流站 U_{dc_main} 首先放电，导致电压快速跌落，而远端换流站 U_{dc_aux} 由于线路电阻和线路电抗的存在，放电相对缓慢。

主馈入直流源 U_{dc_main} 作用下的响应方程为

$$U_{dc\_main}=L_{main}\frac{di_1}{dt}+kR_{main}i_1 \tag{6-3}$$

副馈入直流源 U_{dc_aux} 作用下的响应方程为

$$U_{dc\_aux}=(L_{main}+L_{aux})\frac{di_2}{dt}+\left(kR_{main}+R_{aux}\right)i_2 \tag{6-4}$$

式中：i_1 和 i_2 分别为 U_{dc_main} 和 U_{dc_aux} 作用下的故障电流。

求解方程式（6－3）和式（6－4），总的故障电流 i 表示为

$$i=i_1+i_2=\frac{U_{dc}}{kR_{main}}\left(1-e^{-\frac{kR_{main}}{L_{main}}\times t}\right)+\frac{U_{dc}}{kR_{main}+R_{aux}}\left(1-e^{-\frac{kR_{main}+R_{aux}}{L_{main}+L_{aux}}\times t}\right) \tag{6-5}$$

由式（6-5）可得故障电流上升率表达式

$$\frac{\mathrm{d}i}{\mathrm{d}t}=\frac{U_{\mathrm{dc}}}{L_{\mathrm{main}}}\times \mathrm{e}^{-\frac{kR_{\mathrm{main}}}{L_{\mathrm{main}}}\times t}+\frac{U_{\mathrm{dc}}}{L_{\mathrm{main}}+L_{\mathrm{aux}}}\times \mathrm{e}^{-\frac{kR_{\mathrm{main}}+R_{\mathrm{aux}}}{L_{\mathrm{main}}+L_{\mathrm{aux}}}\times t} \tag{6-6}$$

定义副馈入影响因子β_{aux}为

$$\beta_{\mathrm{aux}}=\frac{L_{\mathrm{main}}}{L_{\mathrm{main}}+L_{\mathrm{aux}}}\mathrm{e}^{\left(\frac{kR_{\mathrm{main}}}{L_{\mathrm{main}}}-\frac{kR_{\mathrm{main}}+R_{\mathrm{aux}}}{L_{\mathrm{main}}+L_{\mathrm{aux}}}\right)\times t} \tag{6-7}$$

则故障电流上升率为

$$\frac{\mathrm{d}i}{\mathrm{d}t}=\frac{U_{\mathrm{dc}}}{L_{\mathrm{main}}}\mathrm{e}^{\frac{kR_{\mathrm{main}}}{L_{\mathrm{main}}}}(1+\beta_{\mathrm{aux}}) \tag{6-8}$$

由式（6-8）可见，主馈入源的影响是主要的，副馈入源的影响是次要的。本文定义的副馈入影响因子β_{aux}反映了直流网络拓扑、传输容量、潮流方向的综合影响。由于受到长距离直流输电线路和配置电抗器的限制，在目前网络结构简单的直流工程中影响很弱，可忽略不计。因此，影响直流输电线路故障电流的系统因素主要包括：① 系统电压等级；② 故障位置；③ 线路电阻；④ 线路电抗；⑤ 其他支路馈入影响；⑥ 故障延续时间。

图 6-8 给出了双极四端口字形柔性直流电网在极线对地 0km 故障时故障电流的发展趋势曲线，代表了最苛刻的故障大电流扩散趋势，符合上述分析的结论。

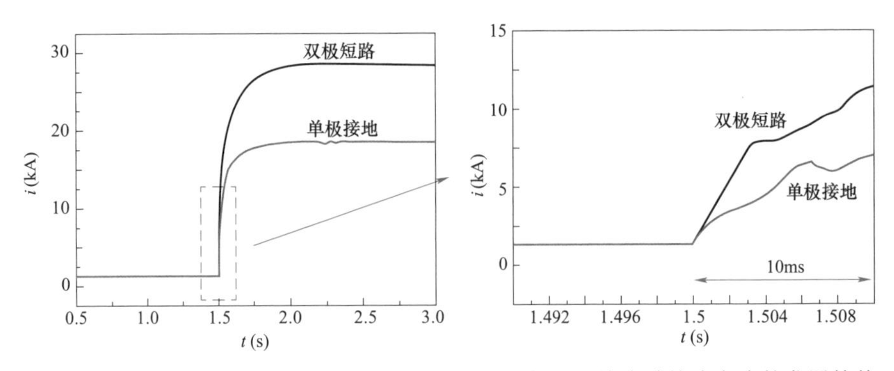

图 6-8　双极四端口字形柔性直流电网在极线对地 0km 故障时故障电流的发展趋势

总而言之，直流电网电压等级越高，直流线路阻抗越小，电网中所包含的换流站越多，短路故障点越靠近阀侧平波电抗器，则短路故障电流上升速度越快；而短路故障维持的时间越长，则短路故障电流幅值越高。通过对上述各参数边界的考察，即可计算特定柔性直流电网中某一直流线路的最大故障电流上升率和电流幅值。在上述决定故障电流应力的各系统因素中，通过调节直流电路平波电抗器来调节线路阻抗，从而减缓短路故障电流上升率是最具可行性的系统参数调整方式。

可见，柔性直流电网系统直流输电线路故障电流发展速度极快，在故障初期电流上升率达到每毫秒数千安，只有依靠分断时间为毫秒级的高压直流断路器配合高速测量装置和控制保护装置来实现直流输电线路保护。在柔性直流电网中配置合适的高压直流断路器需要对断路器整机的特征参数进行提取。特征参数量应该充分覆盖直流系统各种复杂参数的影响，同时体现断路器的极限工作能力。怎样提取特征参数量并将这些参数量之间的数学联系归纳为一种参数配置方法，是实现高压直流断路器在柔性直流电网中工程应用的理论基础。

根据分析，高压直流断路器分断暂态过程，按时序可分为：

（1）电流单一作用区，即大电流区；

（2）电流、电压共同作用区，即大能量区；

（3）电压单一作用区，即高电压区。

高压直流断路器分断暂态过程如图 6-9 所示。

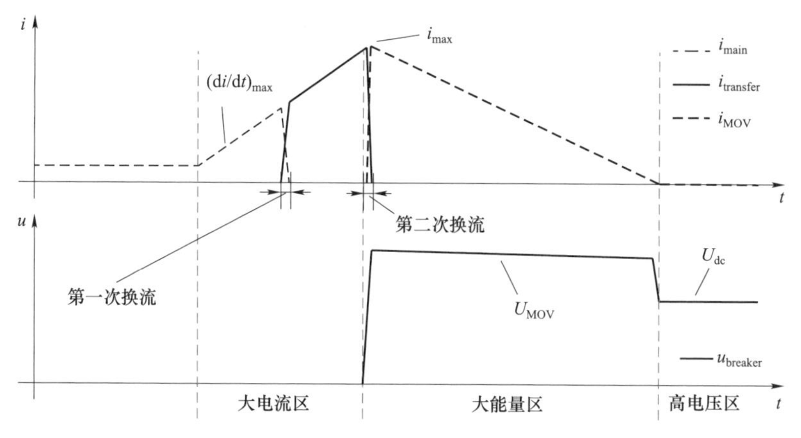

图 6-9　高压直流断路器分断暂态过程示意图

高压直流断路器保护执行任何一次完整的分闸操作所耗费的全部时间为分闸时间，定义为

$$T_o = T_c + T_a + T_d \tag{6-9}$$

式中：T_o 为断路器分闸时间；T_c、T_a 和 T_d 分别为断路器控制时间、动作时间和耗能时间。其中，T_c 与 T_a 之和定义为断路器的分断时间 T_b，即从断路器接收到分断命令时刻到直流电流开始下降时刻的时间段，表达式为

$$T_b = T_c + T_a \tag{6-10}$$

从故障发生后电流开始上升到断路器动作后电流开始下降的时间段是系统短路电流发展时间 T_f，T_f 大于 T_b，这为直流电网快速控制保护系统的响应提供了时间上的可能。分断时间 T_b 是高压直流断路器的核心参数之一，体现了断路器对短路故障的响应速度能力。

断路器在正常系统中运行时，其端子对地电压定义为断路器额定电压 U_{rated}，该电压由直流电网系统额定电压 U_{dc_rated} 决定，运行过程中，有

$$U_{rated} = U_{dc\_rated} \tag{6-11}$$

断路器额定电压是高压直流断路器的核心参数之一。

当断路器处于分闸过程中的暂态运行时，其端间会产生暂态分断电压冲击，暂态分断电压 u_{TIV} 源于断路器分断瞬间电流变化率 di/dt 急剧反向，该电流变化率在线路电抗上引起反向过电压。线路电抗的反向过电压与直流电网系统电压 U_{dc} 共同决定了暂态分断电压 u_{TIV}

$$u_{TIV} = U_{dc} + L_{dc} \times \frac{di_{dc}}{dt} \tag{6-12}$$

直流电网中的线路电抗 L_{dc} 除了系统配置电抗 L_{line} 外，还包括许多复杂的杂散电感成分，暂态分断电压导致断路器端间承受复杂、严重、多变的冲击应力，会对设备造成破坏性影响。MOV 组构成的能量吸收支路，其作用之一就是限制分断暂态电压，使断路器端电压维持在系统可承受的范围内。经 MOV 组限制的断路器端电压等于 MOV 组端间电压，该值定义为 MOV 组限电压能力 U_{MOV}，来源于 MOV 阀片残压 $U_{residual}$。调整 MOV 单一阀片参数及串并联方式，可以改变 MOV 组限电压值。MOV 组限电压能力 U_{MOV} 表达式为

$$U_{MOV} = \gamma U_{rated} \tag{6-13}$$

式中：r 为限电压能力系数。

考虑柔性直流系统的绝缘设计水平，通常将 MOV 组限电压能力系数 γ 选择为 1～2。MOV 组限制电压 U_{MOV} 是高压直流断路的核心参数之一。

综上所述，断路器额定电压 U_{rated} 和 MOV 组限电压能力 U_{MOV} 共同表征了高压直流断路器承受电压能力。

直流系统正常运行时，高压直流断路器在合闸位置上能够长期承载的电流值定义为断路器的额定电流 I_{rated}。I_{rated} 是高压直流断路器的核心参数之一。

直流系统故障暂态运行时，根据图 6-7 的等效电路，考虑到副馈入影响因子 $\beta_{aux} \ll 1$，将正、副馈入源合并成直流源 U_{dc}。针对最严酷的短路故障，忽略寄

生参数和换流能量的影响，建立直流断路器分断暂态过程模型。故障电流发展过程历经图 6－10 所示三个阶段。

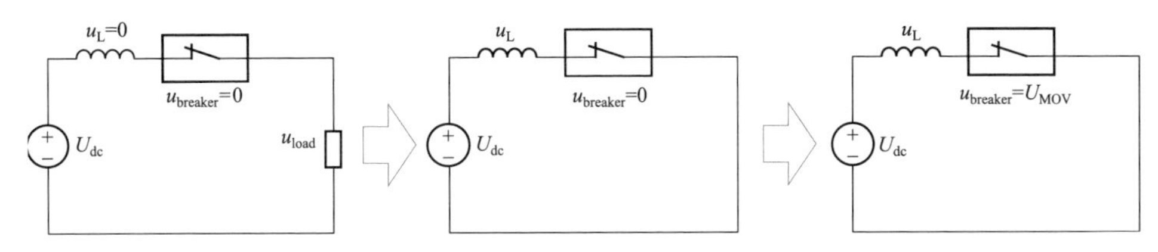

图 6－10　断路器短路电流分断暂态过程示意图

短路故障发生之前，系统带负载稳定运行，断路器处于高通态

$$U_{dc}=u_L+u_{breaker}+u_{load}=R_{load}i \tag{6-14}$$

式中：u_L 为电感电压；$u_{breaker}$ 为断路器分断电压；u_{load} 为负荷电压。

短路故障发生之后、断路器分断暂态电压建立之前，系统电抗器产生感应电压，断路器仍处于高通态

$$U_{dc}=u_L+u_{breaker}=L_{line}\frac{di}{dt} \tag{6-15}$$

式中：L_{line} 为电抗器值。

断路器分断暂态电压建立之后，系统配置电抗器感应电压反向，断路器端间电压被 MOV 组限制在 U_{MOV}

$$U_{dc}=u_L+u_{breaker}=L_{line}\frac{di}{dt}+U_{MOV} \tag{6-16}$$

对上述三个阶段方程求解得出系统电流表达式

$$i=\begin{cases}\dfrac{U_{dc}}{R_{load}}，第一阶段\\ I_{rated}+\dfrac{U_{dc}}{L_{line}}t，第二阶段\\ \dfrac{U_{dc}-U_{MOV}}{L_{line}}t，第三阶段\end{cases} \tag{6-17}$$

电流变化率为

$$\frac{di}{dt}=\begin{cases}0，第一阶段\\ \dfrac{U_{dc}}{L_{line}}，第二阶段\\ \dfrac{U_{dc}-U_{MOV}}{L_{line}}，第三阶段\end{cases} \tag{6-18}$$

假设故障电流上升时间为T_f，最大分断故障电流为

$$i_{max} = I_{rated} + T_f \frac{di}{dt} = I_{rated} + \frac{U_{dc}}{L_{line}} T_f \tag{6-19}$$

最大电流上升率为

$$(di/dt)_{max} = \frac{U_{dc}}{L_{line}} \tag{6-20}$$

综上所述，最大分断电流和最大电流上升率共同表征了高压直流断路器的分断电流能力。

高压直流断路器在直流系统中分断最严苛短路电流，断路器电流、电压波形及相关时序如图6－11所示。

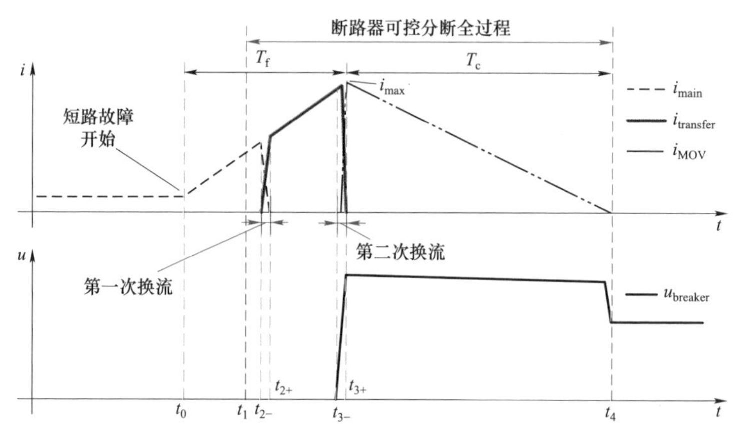

图6－11　断路器短路电流分断电压、电流波形及时序示意图

t_0时刻，短路故障发生，故障电流开始上升；t_1时刻，直流控制保护系统下发断路器分闸指令到达断路器二次系统；t_{2-}时刻，断路器一次系统开始动作，主电流支路电力电子模块闭锁电流，直流线路电流转移到待命状态的转移电流支路，t_{2+}时刻换流完成，之后主电流支路快速机械开关启动分闸；然后，转移电流支路电力电子模块承受电流直至主电流支路快速机械开关动作到分闸位置，t_{3-}时刻转移电流支路电力电子模块闭锁电流，t_{3+}时刻电流在MOV中开始下降；t_4时刻，电流下降到零，断路器关断完成。整个分断运行过程在数毫秒内完成。

其中，$t_1 \sim t_4$时间段是断路器设备本体运行时间，包括了断路器二次部分和一次部分合计运行时间，即断路器分闸时间T_o。该时间包含了断路器分断时间T_b与断路器能量耗散时间T_c。

直流断路器与交流断路器的本质区别在于能量耗散，交流断路器与交流系

统之间没有大的能量转移，而直流断路器与直流系统之间有巨大的能量转移，需要耗散存储在直流系统储能元件（电感和电容）中的能量。在交流系统中，虽然也存在储能元件，但在频率响应下，储能元件之间可以相互交换平衡能量；在直流系统中，一旦系统整体或部分停止运行，其相关储能元件会在极短时间内寻找泄放通路。直流断路器是直流系统泄放能量的主要承载设备，耗散能量在交流断路器中是不需要的，在直流断路器中却是最重要的部分。

由图 6－11 可知，高压直流断路器耗散能量一部分来源于直流电源，另一部分来源于线路电抗的储能效应。设断路器分断和最大电流为 i_{max}，来源于直流电源部分的耗散能量为

$$E_s=\int_{t_{3-}}^{t_4}U_{dc}i\mathrm{d}t=\int_{t_{3-}}^{t_4}U_{dc}\frac{U_{dc}-U_{MOV}}{L_{line}}t\mathrm{d}t=\frac{1}{2}\frac{L_{line}}{\gamma-1}i_{max}^2 \tag{6-21}$$

来源于线路电抗的耗散能量为

$$E_{reactor}=\frac{1}{2}L_{line}i_{max}^2 \tag{6-22}$$

断路器总耗散能量为上述两部分能量之和，即

$$E_{dissipation}=E_s+E_{reactor}=\frac{\gamma}{2(\gamma-1)}L_{line}i_{max}^2 \tag{6-23}$$

将式（6－20）代入式（6－23），则

$$E_{dissipation}=U_{dc}\frac{\gamma}{2(\gamma-1)}\frac{1}{(\mathrm{d}i/\mathrm{d}t)_{max}}i_{max}^2 \tag{6-24}$$

根据式（6－24），确定参数的柔性直流电网发生直流线路短路故障时，高压直流断路器分闸操作整机性能可以通过断路器自身的五种外特性参数来评估。五种外特性参数包括：

（1）系统电压 U_{dc}；

（2）MOV 限电压水平 U_{MOV}，$U_{MOV}=\gamma U_{dc}$；

（3）故障电流极值 i_{max}；

（4）故障电流上升率极值 $(\mathrm{d}i/\mathrm{d}t)_{max}$；

（5）耗散能量 $E_{dissipation}$。

与主动型的换流阀不同，高压直流断路器是一种被动型的设备，它仅服从电网控制调度，而不具备主动调节电网其他参数的能力。因为其被动型特征，其特征参数（外特性参数）几乎完全取决于柔性直流电网系统的参数设计和运行状态，而与断路器内部设计无关。所以，无论高压直流断路器内部电气与结构设计方式如何，在系统规定的相同工况下，其整机特征参数也是基本相同的。

整机特征参数是系统能力投射到直流断路器上的外在表现，它既反映系统的出力水平大小，也反映高压直流断路器能承受的最苛刻应力水平。

既定参数的柔性直流电网发生直流线路短路故障时，高压直流断路器分闸操作整机应力可以通过上述五种特征参数来评估。特征参数及相互影响规律是电网中断路器配置与断路器试验系统设计的理论基础。

断路器短路电流分断时的关键部件应力与分断过程所涉及的两次换流过程有关，两次换流过程分别是电流主电流支路向转移电流支路转移（第一次换流）和转移电流支路向能量吸收支路转移（第二次换流）。换流过程历经数十微秒至数百微秒，远小于断路器毫秒级的全分断时间。

第一次换流是电流从主电流支路 IGBT 转移至主电流支路缓冲电容，然后再由主电流支路缓冲电容转移至转移电流支路 IGBT，即 IGBT—电容—IGBT。

故障电流回路可等效成图 6－12 所示电路。

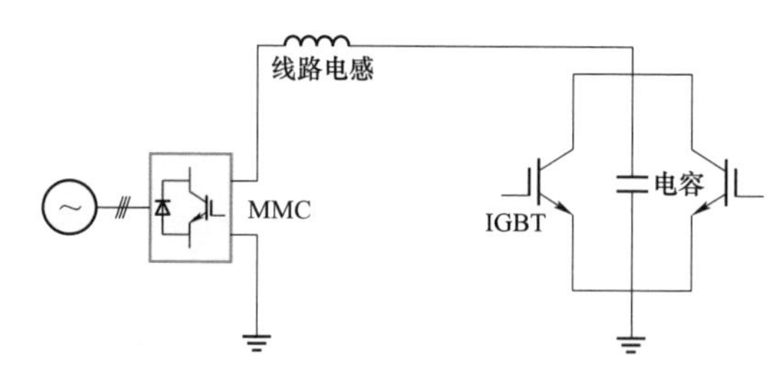

图 6－12　断路器第一次换流暂态过程故障电流回路

研究第一次换流的故障电流，可以将整个换流过程分为五个阶段：第一阶段，故障电流流经主电流支路 IGBT；第二阶段，断路器接到主电流支路闭锁命令后，主电流支路 IGBT 关断，转移电流支路 IGBT 开启，主电流支路 IGBT 和缓冲电容之间进行换流；第三阶段，故障电流全部转移至缓冲电容；第四阶段，缓冲电容和转移电流支路 IGBT 之间进行换流；第五阶段，故障电流全部转移至转移电流支路 IGBT。五个阶段的等效电路如图 6－13 所示。

第二次换流是电流从转移电流支路 IGBT 转移至转移电流支路缓冲电容，然后再由转移电流支路缓冲电容转移至 MOV，即 IGBT—电容—MOV。

结合高压直流断路器运行工况，故障电流回路可等效成图 6－14 所示电路。

研究第二次换流的故障电流，也可以将整个换流过程分五个阶段：第一阶段，故障电流在转移电流支路 IGBT 中继续上升；第二阶段，断路器接到转移电流支路闭锁命令后，转移电流支路 IGBT 关断，转移电流支路 IGBT 和缓冲电容之间进行换流；第三阶段，故障电流全部转移至缓冲电容；第四阶段，缓冲电

容和 MOV 之间进行换流；第五阶段，故障电流全部转移至 MOV 上。

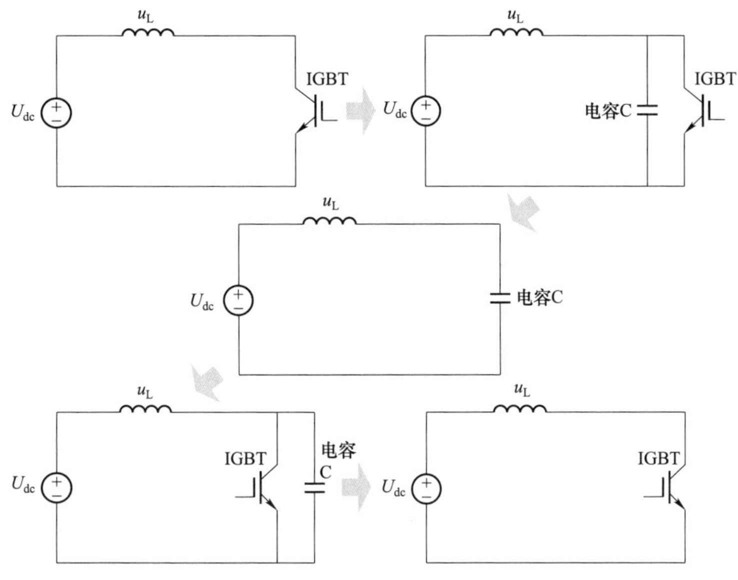

图 6－13 断路器第一次换流暂态过程故障电流回路

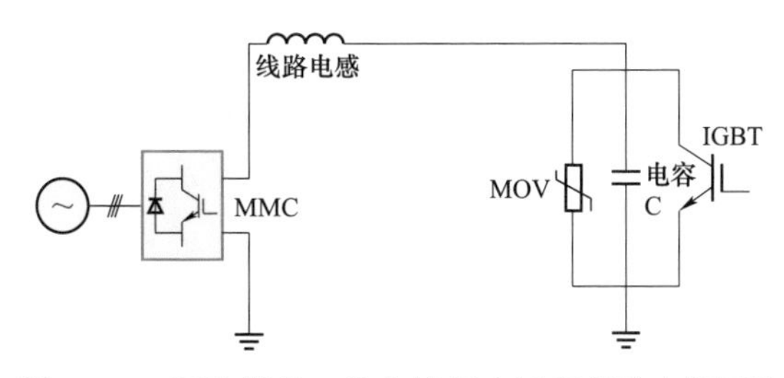

图 6－14 断路器第二次换流暂态过程故障电流回路

两次换流过程中，高压直流断路器处于单次大电流转移与关断这种独特的应用环境，直流断路器内部器件会承受多种苛刻应力，包括 IGBT 关断应力、IGBT 开通应力、电容缓冲应力、二极管开通应力、MOV 触发应力、MOV 限流应力等。其中 IGBT 关断应力、电容缓冲应力、MOV 触发应力包含在换流过程中，是直流断路器区别于其他电气设备的功能性特征应力，是研究直流断路器的焦点。

基于 IGBT 串联阀的高压直流断路器在两次换流过程中有两次 IGBT 关断过程，即主电流支路 IGBT 关断和转移电流支路 IGBT 关断，转移电流支路 IGBT 关断的电流值接近故障电流极值，显著大于主电流支路 IGBT 关断电流值。故针对 IGBT 关断应力、电容缓冲应力、MOV 触发应力的研究通过分析第二次换流过程即可。

由图 6－11 可知，转移电流支路 IGBT 关断之前，故障电流流经 IGBT。t_{3-} 时刻 IGBT 开始关断，根据式（6－17），此时故障电流为

$$i(t_{3-})=\frac{U_{\mathrm{dc}}}{L_{\mathrm{line}}}t_{3-} \tag{6-25}$$

缓冲电容 C 的初始状态为

$$u_{\mathrm{C}}(t_{3-})=0 \tag{6-26}$$

$$\frac{\mathrm{d}u_{\mathrm{C}}}{\mathrm{d}t}(t_{3-})=0 \tag{6-27}$$

转移电流支路 IGBT 和缓冲电容之间的换流过程可由式（6－28）表示

$$L_{\mathrm{line}}C\frac{\mathrm{d}^2u_{\mathrm{C}}}{\mathrm{d}t^2}+\frac{L_{\mathrm{line}}}{r(t)}\frac{\mathrm{d}u_{\mathrm{C}}}{\mathrm{d}t}+\left(1-\frac{L_{\mathrm{line}}\mathrm{d}r(t)/\mathrm{d}t}{r(t)^2}\right)u_{\mathrm{C}}=U_{\mathrm{dc}} \tag{6-28}$$

式（6－28）为变系数非齐次微分方程，其解析较为复杂。IGBT 关断过程中阻抗 $r(t)$ 是逐渐增大的，在关断起始阶段，由于阻抗较低，此时试验电流主要流过 IGBT，而缓冲电容电压即 IGBT 端间电压处于缓慢建立过程，但当沟道电压消除之后，电流迅速衰减进入拖尾阶段，此时 IGBT 阻抗迅速增大，试验电流快速转移至与之并联的缓冲电容，促使 IGBT 电压迅速上升。

IGBT 电压 $u_{\mathrm{IGBT}}(t)$ 在该阶段等于缓冲电容电压 $u_{\mathrm{C}}(t)$

$$u_{\mathrm{IGBT}}(t)=u_{\mathrm{C}}(t)=i_{\mathrm{IGBT}}r(t) \tag{6-29}$$

IGBT 关断瞬时功率为

$$p(t)=u_{\mathrm{IGBT}}(t)i_{\mathrm{IGBT}}(t)=\frac{u_{\mathrm{C}}^2(t)}{r(t)} \tag{6-30}$$

IGBT 关断损耗 E_{IGBT} 为

$$E_{\mathrm{IGBT}}=\int\frac{u_{\mathrm{C}}^2(t)}{r(t)}\mathrm{d}t \tag{6-31}$$

当 IGBT 电流降为零后，故障电流全部转移至缓冲电容上，此时的电容电压为

$$u_{\mathrm{C}}(t)\big|_{i_C=i_{\max}}\approx\frac{1}{C}\int[i_{\max}-i_{\mathrm{IGBT}}(t)]\mathrm{d}t \tag{6-32}$$

此后，电容电压继续上升，故障电流在电容中流通

$$L_{\mathrm{line}}\frac{\mathrm{d}i}{\mathrm{d}t}+u_{\mathrm{C}}(t)\big|_{i_C=i_{\max}}+\frac{1}{C}\int i\mathrm{d}t=U_{\mathrm{dc}} \tag{6-33}$$

当电容电压达到 MOV 启动电压 U_{trigger}，故障电流开始从电容转移至 MOV，电容电流下降，MOV 电流上升

$$L_{\text{line}}\frac{\mathrm{d}i}{\mathrm{d}t}+(i-i_{\text{C}})r_{\text{MOV}}(t)=U_{\text{dc}} \tag{6-34}$$

式中：$r_{\text{MOV}}(t)$为工程提取的 MOV 阻抗表达式。

MOV 电压从启动电压 U_{trigger} 上升到保护电压 U_{MOV} 的过程中，电压、电流近似呈线性关系，此时 $r_{\text{MOV}}(t)$近似为常数

$$r_{\text{MOV}}(t)=\frac{U_{\text{MOV}}-U_{\text{trigger}}}{i_{\max}} \tag{6-35}$$

当故障电流全部转移至 MOV 上，由于 MOV 的钳制电压作用，MOV 电压被限制在 U_{MOV}，MOV 进入非线性区。MOV 阀片可变阻抗 $r_{\text{MOV}}(t)$服从图 6－15 所示电压—电流特性曲线。

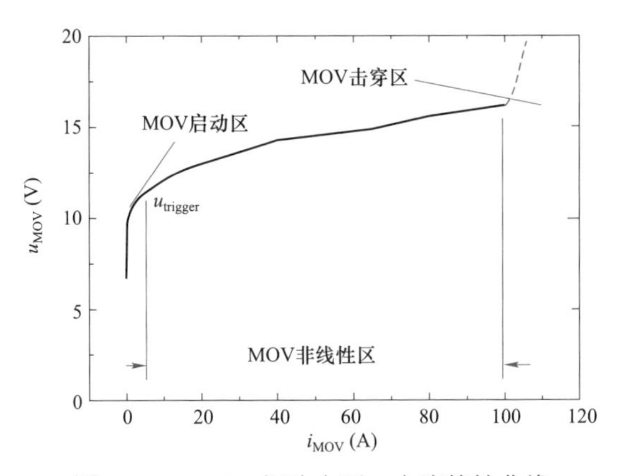

图 6－15　MOV 阀片电压—电流特性曲线

具体部件应力主要跟断路器短路电流分断过程所涉及的两次换流过程有关，两次换流过程分别是电流从主电流支路向转移电流支路转移（第一次换流）和转移电流支路向能量吸收支路转移（第二次换流），如图 6－16 所示。

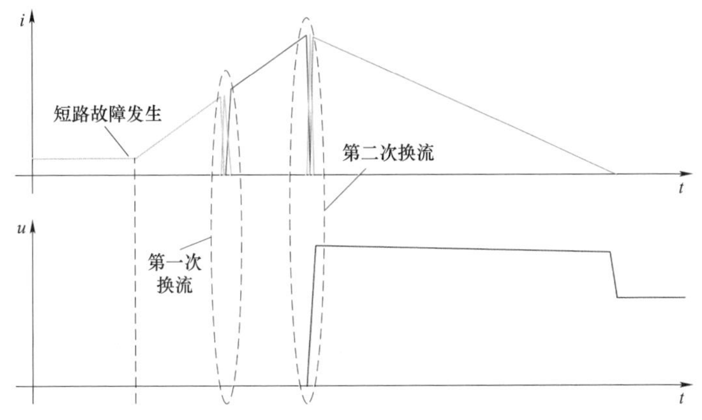

图 6－16　混合式高压直流断路器短路电流分断两次换流过程

第一次换流是电流从主电流支路 IGBT 转移至主电流支路缓冲电容，然后再由主电流支路缓冲电容转移至转移电流支路 IGBT，即 IGBT—电容—IGBT，如图 6–17 所示。

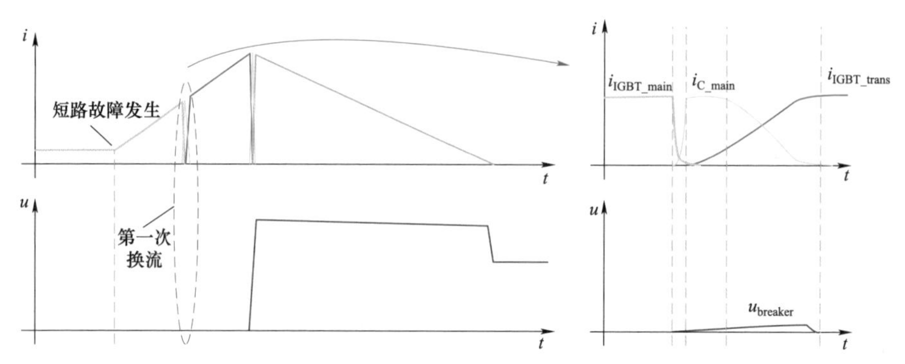

图 6–17　混合式高压直流断路器短路电流分断第一次换流过程

第二次换流是电流从转移电流支路 IGBT 转移至转移电流支路缓冲电容，然后再由转移电流支路缓冲电容转移至 MOV，即 IGBT—电容—MOV，如图 6–18 所示。

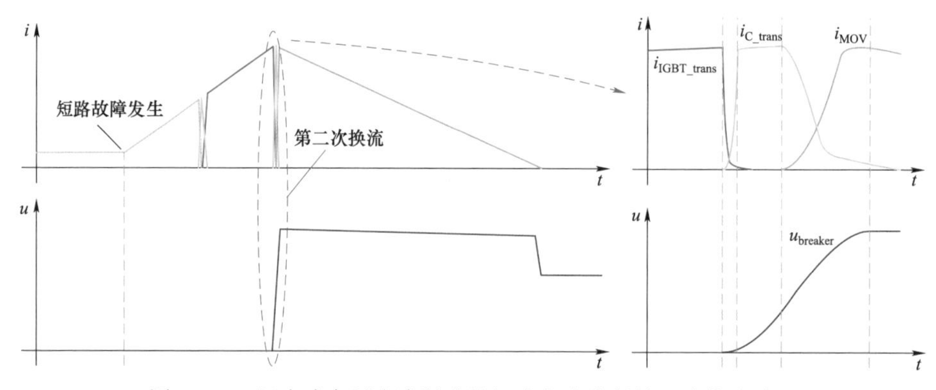

图 6–18　混合式高压直流断路器短路电流分断第二次换流过程

以上分析是将主电流支路电力电子模块作为一个整体来考察，对于不同拓扑结构的混合式高压直流断路器，由于子模块结构的重复性，对单个 IGBT 器件或缓冲电容而言，其电压、电流是上述整体电压、电流值除以器件数。

（1）主电流支路 IGBT 的电压、电流提取如图 6–19 所示。

（2）主电流支路缓冲电容电压、电流提取如图 6–20 所示。

主电流支路快速机械开关在分闸过程中不承受电压、电流，属于“零电流、零电压”开断。分闸完成后承受系统暂态分断电压和稳态电压。

以上分析是将转移电流支路电力电子模块作为一个整体来考察，对于不同拓扑结构的混合式高压直流断路器，由于子模块结构的重复性，对单个 IGBT 器件或缓冲电容而言，其电压、电流是上述整体电压、电流值除以子模块数。

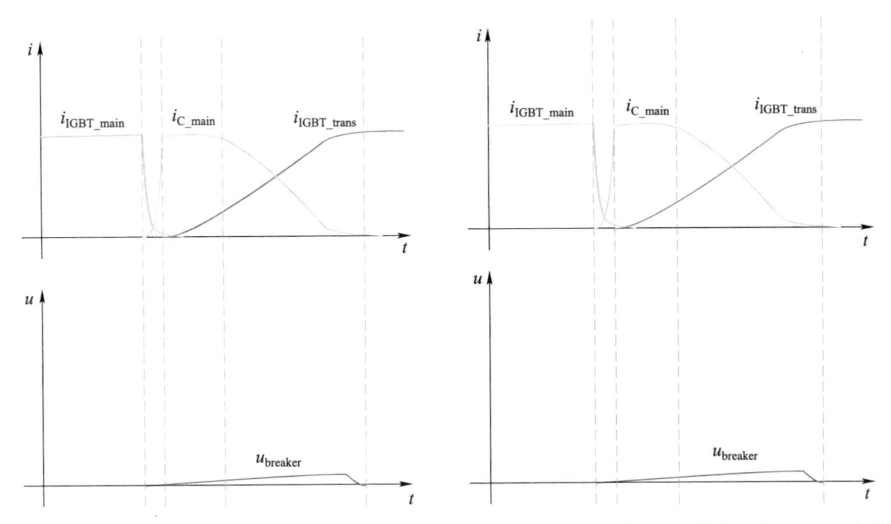

图 6－19　主电流支路 IGBT 电压、电流　　图 6－20　主电流支路缓冲电容电压、电流

（1）转移电流支路 IGBT 电压、电流提取如图 6－21 所示。

（2）转移电流支路缓冲电容电压、电流提取如图 6－22 所示。

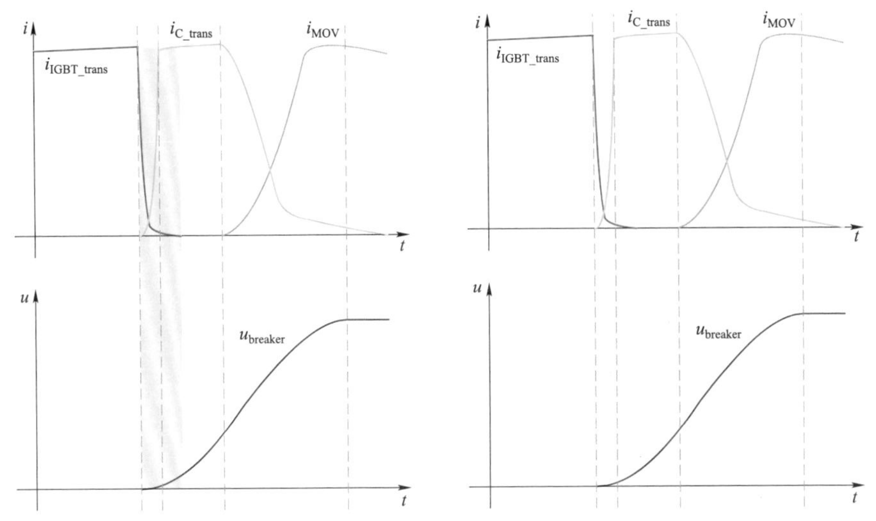

图 6－21　转移电流支路 IGBT 电压、电流　图 6－22　转移电流支路缓冲电容电压、电流

能量吸收支路 MOV 电压、电流提取如图 6－23 所示。

上面证明了基于 IGBT 串联阀的高压直流断路器毫秒级的分断全过程与微

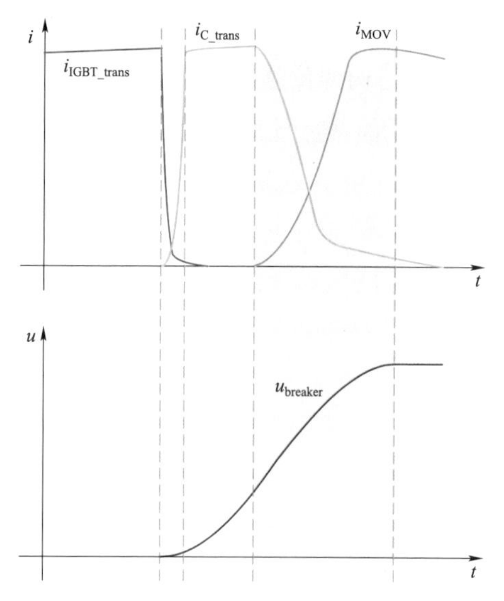

图 6-23　能量吸收支路 MOV 电压、电流

秒级的换流过程各自所产生的电压、电流之间的关联较为松散，可以作为两个独立的电气暂态过程进行研究。加之，由于缓冲电容器的存在，第一次换流过程（IGBT—电容—IGBT）中 IGBT 的关断与启动及第二次换流过程（IGBT—电容—MOV）中 IGBT 的关断与 MOV 的启动都是独立的。缓冲电容起到了隔离换流电流的作用。因此，IGBT 关断电压、电流和 MOV 电压、电流的考察可以独立进行。也就是说第二次换流过程前后的两个暂态过程，即大电流区和大能量区也相互独立。基于此，高压直流断路器分断全过程可以进行分阶段考核，可以针对大电流区、大能量区、高电压区分别设计不同的试验方法。

大功率电力电子装置难以直接以整机投入真实的电网完成所有的测试，所以必须建立试验系统。但试验不可避免地会采取强化、纯化和简化等手段，因此试品在试验系统中所处的环境或者遭遇的条件皆有可能与在实际电网系统中不同。因此，试验系统设计与运行（试验方法）是否合理以及合理程度（不存在 100%合理）就引申出试验等效性的问题。试验能否完全复现在实际工况中产生的关键应力。

应力指外力作用在被作用体上产生的变化现象，这些变化现象经物理化归纳为电流 i、电压 u、电流变化率 $\mathrm{d}i/\mathrm{d}t$、电压变化率 $\mathrm{d}u/\mathrm{d}t$ 和能量 E 等可量化参数。

在整机应力层面，最核心的就是复现断路器五个特征参数及其数学关系，见式（6-24）。在此特征参数下断路器承受的应力必定反映了断路器整机最全面的电气应力水平。设计的试验系统实施在断路器整机上所产生的最大电流上升率$(\mathrm{d}i/\mathrm{d}t)_{\max}$、最大短路电流 $i_{\max}$、暂态电压 U_{MOV}、系统电压 U_{dc} 以及耗散能量 $E_{\text{dissipation}}$ 就是试验等效性评价的核心应力。

在部件应力层面，最核心的就是复现 IGBT—电容—IGBT 换流过程和 IGBT—电容—MOV 换流过程，以及这两个换流过程中 IGBT 和电容的电气应力水平。设计的试验系统最终实施在 IGBT 和电容部件上所产生的电流 i、电压 u、电流

变化率 di/dt、电压变化率 du/dt 和能量 E 就是试验等效性评价的核心应力。

满足这两个层面的应力等效，就可以做到试验运行工况与系统实际工况等效，也就实现了试验系统与实际柔性直流电网系统等效。

整机应力层面的五种特征参数及其数学关系式（6－24）反映了直流系统施加在高压直流断路器上的应力水平和影响因素，该结论普遍适用于采用 MOV 强迫直流电流过零技术路线的各种拓扑的高压直流断路器，包括基于全控型器件和基于半控型器件的高压直流断路器，无论器件是全控型的 IGBT、IGCT（integrated gate commutated thyristor，集成门极换流型晶体管）、IEGT（injection enhanced gate transistor，栅极注入增强型晶体管）还是半控型的晶闸管；部件应力层面需要选择不同断路器拓扑和器件来进行试验参数调整，对基于全控型器件的断路器可以参照本书 IGBT 换流所涉及部件应力相关结论，对基于半控型器件的断路器则需要根据实际器件特性具体分析部件应力。

6.2.2　等效试验方法

LC 振荡电源是最接近真实柔性直流电网系统的试验电源，试验电流的 di/dt 由试验初始电压和试验电抗决定，试验电压衰减速率由电容值与电抗值共同决定。

LC 振荡电源利用充电电容向电感放电的方式制造大电流故障，主要利用了 LC 振荡电流上升阶段的四分之一周波时段，如图 6－24 所示。LC 振荡电源的优点是冲击功率大、能量密度高、充放电控制更容易实现、电源参数调节范围更广。

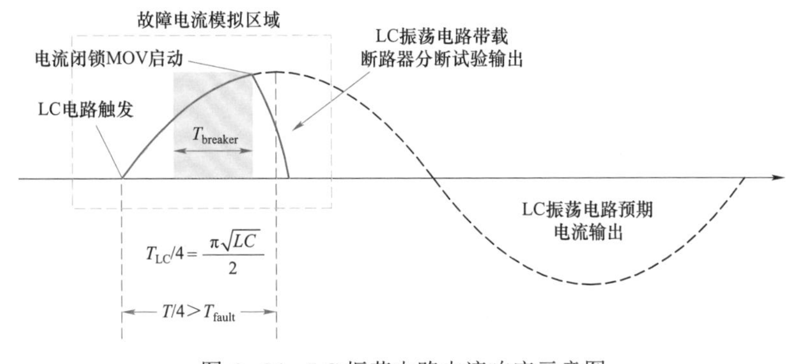

图 6－24　LC 振荡电路电流响应示意图

基于 LC 振荡电源的高压直流断路器分断试验源于对零输入响应二阶电路

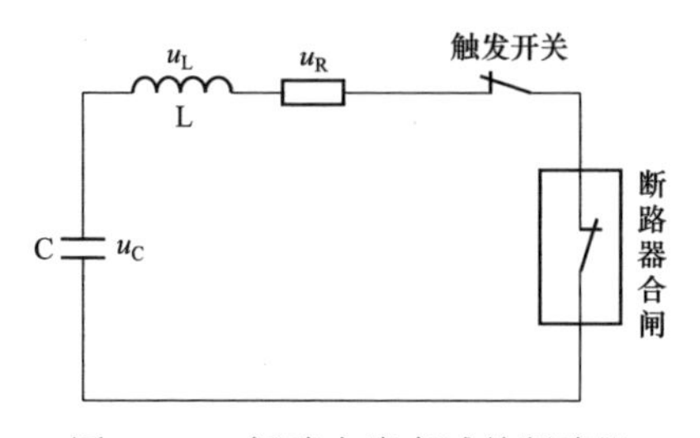

图 6–25　短路电流衰减前断路器分断暂态过程电路示意图

的改造和利用。通过控制带电电容 C 对 LC 串联回路的放电过程，模拟柔性直流电网短路电流发生过程，从而复现高压直流断路器整机应力。

LC 零输入响应二阶电路如图 6–25 所示，电容 C 初始电压为 U_0，当触发开关闭合后，电容向整个回路释放能量，回路电流 i 就模拟了短路故障电流。实际工程中试验回路等效电阻与断路器通态等效电阻都很小，通常忽略不计。

根据上述分析，如果直流断路器保持通态，对图 6–25 的电路列写方程，二阶电路响应为

$$LC\frac{\mathrm{d}^2u_C}{\mathrm{d}^2t}+u_C=0 \tag{6–36}$$

已知初始值

$$u_C(t_0)=U_0 \tag{6–37}$$

电容电压为

$$u_C=U_0\cos\frac{t}{\sqrt{LC}} \tag{6–38}$$

回路电流为

$$i=-C\frac{\mathrm{d}u_C}{\mathrm{d}t}=U_0\sqrt{\frac{C}{L}}\sin\frac{t}{\sqrt{LC}} \tag{6–39}$$

电流上升率为

$$\frac{\mathrm{d}i}{\mathrm{d}t}=\frac{U_0}{L}\cos\frac{t}{\sqrt{LC}} \tag{6–40}$$

电感、电容电压为

$$u_L=u_C=U_0\cos\frac{t}{\sqrt{LC}} \tag{6–41}$$

LC 振荡的理想周期 T_{LC} 为

$$T_{LC}=2\pi\sqrt{LC} \tag{6–42}$$

其中，模拟故障电流上升阶段的四分之一周波时段为

$$\frac{T_{LC}}{4}=\frac{\pi\sqrt{LC}}{2} \tag{6–43}$$

当故障电流转移至MOV时，断路器保持阻态特性，如图6-26所示。

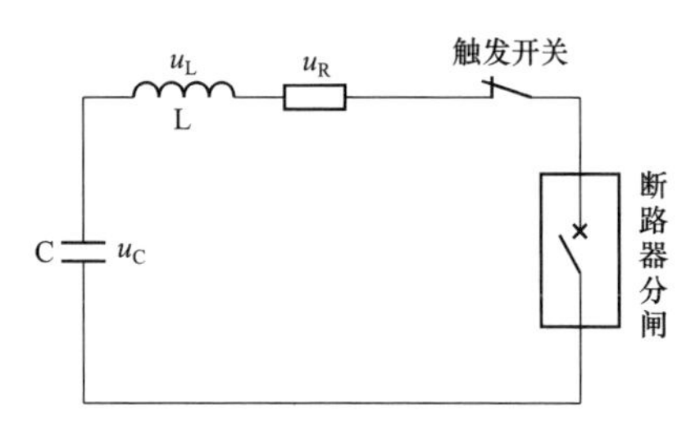

图6-26 短路电流衰减后断路器分断暂态过程电路示意图

此时断路器端电压被MOV组钳制在U_{MOV}，此时的电路响应为

$$LC\frac{d^2u_C}{d^2t}-u_C=-U_{MOV} \tag{6-44}$$

初始值

$$u_C(t_{3-})=U_0\cos\frac{t_{3-}}{\sqrt{LC}} \tag{6-45}$$

$$\frac{du_C(t_{3-})}{dt}=-\frac{U_0}{\sqrt{LC}}\sin\frac{t_{3-}}{\sqrt{LC}} \tag{6-46}$$

电源电容电压为

$$u_C=U_{MOV}+\frac{U_0\left(\cos\frac{t_{3-}}{\sqrt{LC}}+\sin\frac{t_{3-}}{\sqrt{LC}}\right)}{2e^{-\frac{t_{3-}}{\sqrt{LC}}}}\times e^{-\frac{t}{\sqrt{LC}}}+\frac{U_0\left(\cos\frac{t_{3-}}{\sqrt{LC}}-\sin\frac{t_{3-}}{\sqrt{LC}}\right)}{2e^{\frac{t_{3-}}{\sqrt{LC}}}}\times e^{\frac{t}{\sqrt{LC}}} \tag{6-47}$$

故障电流清除完成后，断路器的端间电压U_{dc}为

$$U_{dc}=u_C(t_4) \tag{6-48}$$

根据上述LC振荡电源的理论分析，决定LC振荡电源输出的三个变量分别是：① 电源电容值C；② 电源电感值L；③ 电容初始充电电压U_0。基于LC电源的分断试验电路参数就由此决定。

采用LC振荡电源模拟故障电流发展，主要采用了LC振荡放电最初的四分之一周波，该周波应大于短路电流发展时间T_f，即

$$\frac{T_{LC}}{4}=\frac{\pi\sqrt{LC}}{2}\geqslant T_f=\frac{i_{max}}{(di/dt)_{max}} \tag{6-49}$$

LC振荡电流最大值应大于故障电流最大值

$$i\left(\frac{T_{LC}}{4}\right)=U_0\sqrt{\frac{C}{L}}\geqslant i_{max} \tag{6-50}$$

LC振荡电源释放能量E_{LC}应大于断路器耗散能量

$$E_{LC}=\frac{1}{2}Cu_C^2(t_0)-\frac{1}{2}Cu_C^2(t_4)=\frac{1}{2}CU_0^2-\frac{1}{2}Cu_C^2(t_4)\geqslant E_{dissipation} \tag{6-51}$$

试验电流清除完成后，断路器的端间电压为 $u_C(t_4)$，该值应当大于系统电压

$$u_C(t_4) \geqslant U_{dc} \tag{6-52}$$

综上所述，根据式（6–49）～式（6–52）就可确定 LC 振荡电源参数电容值 C、电感值 L 以及电容初始充电电压 U_0。

根据上述原理，本文设计了基于 LC 振荡电源设计的试验回路，如图 6–27 所示。

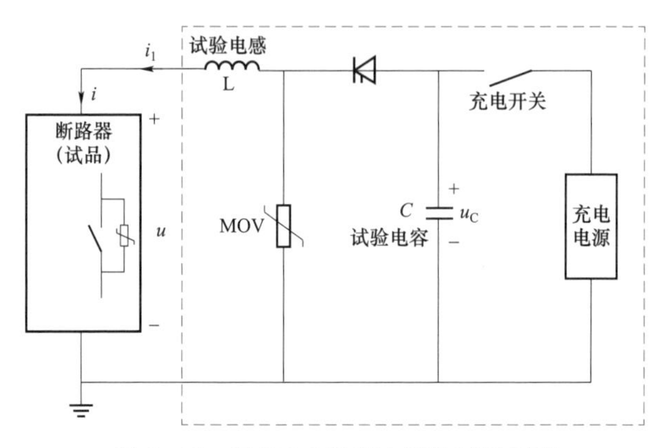

图 6–27　基于 LC 振荡电源的试验回路

基于 LC 振荡电源的试验电路，试验前由充电电源将电容 C 充电至试验电压 U_0，然后通过充电开关隔离充电电源；使得直流断路器处于导通状态后，触发晶闸管阀 V，开始试验，并由直流断路器最终完成分断。试验电感值 L 用于调节试验电流上升率 di/dt 及最终试验分断电流幅值 i_{max}。

在复现系统保护最大电流值 i_{max} 和短路电流上升率 di/dt 的前提下，为了降低试验难度和试验成本，同时又尽可能复现与单一 LC 振荡电源完全等效、试验相同的应力强度，可以依次降低 LC 振荡电源的三要素，即试验电感值 L、试验电容值 C、试验电容充电电压初值 U_0。

调节试验电感值和试验电容值的乘积 LC，可以调整可用电流上升时间。LC 值越大，可用电流上升时间越长，主电流支路和转移电流支路闭锁电流值调节范围越大。

调节试验电容充电电压初值 U_0 可以调节可用分断电流幅值 i_{max} 和电流上升率 di/dt。LC 值选定后，电容充电电压初值 U_0 越大，在获得同样电流最大值 I_{max} 的条件下，电流上升率 di/dt 越均匀。

也可以通过调节可用分断电流幅值 i_{max} 和电流上升率 di/dt 调节电感值 L。

通过调节 LC 振荡电源的三要素，可以将 LC 振荡电源容量降到极小值，而

不减小 di/dt 以及分断电流幅值 i_{max}，从而实现大电流分断试验。

6.3 例行试验

例行试验是基础性、功能性的试验项目，是针对全部部件开展的检测和试验，是对产品的质量进行把控，要求试品组装正确，基本功能、性能参数满足要求。

通过例行试验，可以检验试品在组装环节出现的疏漏，试品可能存在的潜在缺陷。例行试验是在型式试验之前开展的试验项目，只有通过例行试验的产品，才能进一步开展型式试验，否则试验过程会有损坏试品的可能性。

6.3.1 例行试验内容

进行直流断路器的例行试验，首先需要研究直流断路器的功能特点，其拓扑由主电流支路、转移电流支路及能量吸收支路构成，如图 6-28 所示。其动作过程是 3 条支路相互配合，实现电流的转移和开断。

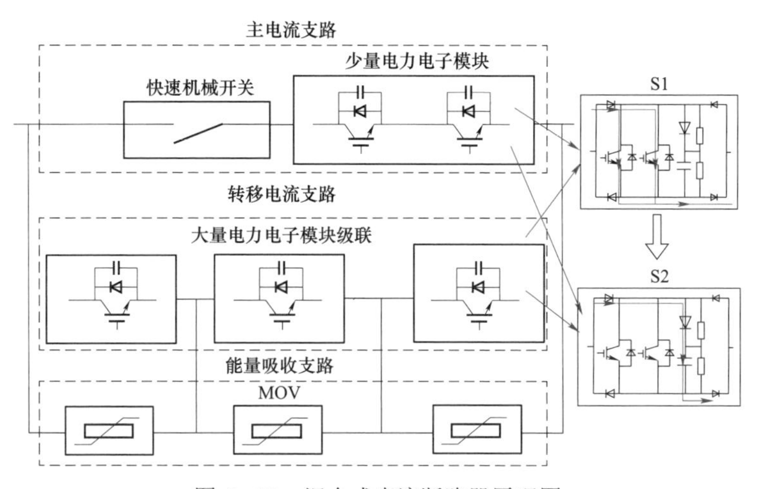

图 6-28 混合式直流断路器原理图

由图 6-28 可见，直流断路器功能元件多样、结构复杂，其例行试验应至少涵盖以下内容：① 电力电子模块、快速机械开关和 MOV 的安装满足设计图纸要求；② 电力电子模块和快速机械开关的基本功能和应力参数在规定的范围内；③ 电力电子模块、快速机械开关和 MOV 的一致性和分散性满足要求。

由上述例行试验要求和直流断路器工作原理，可进一步总结例行试验的项目，如表 6-1 所示。外观检查和接线检查主要依据直流断路器的产品规范书和设计图纸，要求所有的部件外观无损坏，主接线连接正确，无明显的产品缺陷和错误。触发检测试验要求进一步验证设备安装是否正确，元器件有无击穿，模块基本功能是否满足要求；电压和电流耐受试验要求验证产品的性能参数是否满足技术规范的规定。分断试验要求验证电力电子模块是否能够分断大电流，这是对产品性能的考核，可以在产品初期剔除不满足要求的部件，防止型式试验或者现场运行过程中半导体模块出现连锁击穿损坏，同时该试验也能验证大量串联的子模块的均压特性。水路试验是对水冷系统的部件进行试验检验，验证水冷系统的接头、管路的安装正确性，水压耐受是否满足要求。

表 6－1　　直流断路器例行试验项目与目的

序号	试验项目	试验目的
1	外观检查	检测部件的外观有无损坏，安装是否正确
2	接线检查	检测所有主接线安装是否正确
3	触发检测试验	检测基本的触发关断功能，安装是否正确
4	电压耐受试验	检测部件的电压耐受能力
5	电流耐受试验	检测稳态、暂态电流耐受能力
6	分断试验	检测大电流分断能力，子模块均压特性
7	MOV 均流测试	检测 MOV 阀片的分散性
8	水路试验	检测水冷系统水压、流量等

6.3.2　例行试验方法

外观检查和接线检查属于常规检测，本小节重点论述触发检测试验、电压耐受试验、电流耐受试验、分断试验、MOV 均流测试及水路试验项目。

1. 触发检测试验

为确保主电流支路和转移电流支路子模块安装的正确性，子模块内部 IGBT 开通、关断基本功能满足要求。可在子模块两端施加电压，并对 IGBT 施加触发脉冲，通过检测子模块两端电压和电流波形以及驱动板回报信号，以判断子模块状态。由图 6－28 的子模块电路特征可知，若子模块存在异常，则无法实现 IGBT 的开通、关断，其故障试验波形和正常波形存在较大差异，主要表现在电压无法建立、无法跌落，或者无法重新建立。由此，可由综合回路电压和电流幅值、$\mathrm{d}v/\mathrm{d}t$、$\mathrm{d}i/\mathrm{d}t$ 以及时间常数等判断子模块状态。

2. 电压、电流耐受试验

直流断路器稳态、短路和分断过程中的电压和电流如图 6－29 所示。

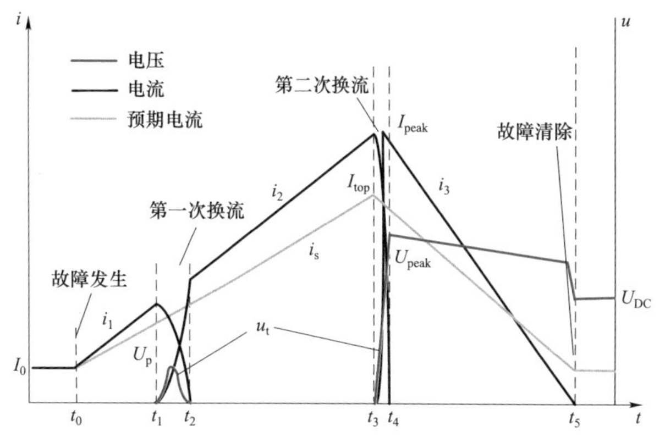

图 6－29　直流断路器动作电压、电流

图 6－29 中，t_0 之前和 t_5 之后，I_0 为直流断路器稳态运行电流。t_0～t_5 分断过程中主电流支路、转移电流支路和 MOV 支路的电流分别用 i_1、i_2 和 i_3 表示。如果直流断路器不需要分断或者分断失败，主电流支路需要承受系统的故障电流，用 i_s 表示，最大电流峰值用 I_{top} 表示。

图 6－29 中，U_t 为断路器的端电压，在第一次换流（主电流支路 IGBT 闭锁）中，此时端电压为主电流支路子模块电容电压之和，强迫电流转移。换流结束后，转移电流支路承受电流，快速机械开关形成断口，端电压降为零，此电压为暂态换流电压，幅值较小。t_3 时刻开始第二次换流，转移电流支路 IGBT 闭锁，建立暂态分断电压，最大幅值为 U_{peak}，电流转移至 MOV 进行吸收，直到 t_5 电流降为零后，断路器电压也变为系统电压 U_{DC}。

根据上述的电气分析结果，给出电压、电流耐受试验方法如下：电压耐受试验，最大电压出现在分断过程中，主要由快速机械开关和转移电流支路模块承受，如图 6－29 所示，为 t_3～t_5 阶段的操作冲击电压叠加直流电压。该电压波形较难在实验室直接复现，例行试验中采用操作冲击和直流电压进行分步试验的方法代替，重点考核上升电压波头部分。

由图 6－29 可见，快速机械开关的断口需要在动作过程中承受暂态分断电压。常规的试验方法为对处于分闸状态的快速机械开关进行检验，而直流断路器的特点是快速机械开关的触头在运动过程就需要承受电压，为动态耐压过程，若无法承受将会造成击穿，其动态绝缘能力直接决定断路器的分断可靠性。因此，快速机械开关的试验需要在其动作后达到额定分距要求时刻施加操作冲击。

转移电流支路电力电子模块是在闭锁之后承受电压，由于其子模块中的电容较大，受限于试验容量，无法对所有模块同时开展试验，因此可对与直流断路器整体按一定比例数量的模块进行试验。

为保证直流断路器能够承受稳态电流、故障电流，以及分断过程中的暂态电流，需要对电力电子模块开展电流耐受试验。由电气分析可见，该试验包含三种情况：① 稳态电流耐受；② 故障电流耐受；③ 分断电流耐受。

前两个试验针对主电流支路，后一个针对转移电流支路。稳态和故障电流耐受试验对象为主电流支路电力电子模块。试验过程中电力电子模块处于开通状态。稳态电流耐受试验要求施加额定电流，时间应该在 1h 及以上，由于该试验具有加速老化特性，若有条件可将试验时间增长至 72h 及以上，以暴露试品出厂时存在的早期缺陷。

故障电流耐受试验和电流分断试验需要施加大电流，由图 6－29 可见，对于主电流支路需要承受 t_0～t_5 的故障电流 i_s，对于电流分断支路需要承受 t_2～t_3 的分断电流 i_2。由于电流较大，波形难以在实验室复现。因此，该部分试验可根据“结温等效”的原则，通过 L－C 放电电路实现。试验参数可通过建立 IGBT 的热阻模型，计算等效温升进行选取。

根据断路器运行工况，其 IGBT 导通时的平均功率为

$$P_{\mathrm{C}}=\frac{\int_0^{t_{\mathrm{C}}} i(t)\times[V_{\mathrm{CE0}}+R_0\times i(t)]\mathrm{d}t}{t_{\mathrm{C}}} \tag{6-53}$$

式中：t_{C} 为导通时长；$i(t)$为导通电流；V_{CE0} 为 IGBT 导通等效电压；R_0 为 IGBT 导通等效电阻。

导通时的温升为

$$\Delta T_{\mathrm{C}}=P_{\mathrm{C}}\times\sum_{i=1}^{4}R_i(1-\mathrm{e}^{-t_{\mathrm{C}}/\gamma_i}) \tag{6-54}$$

式（6－53）和式（6－54）的相关参数可通过 IGBT 的器件手册直接选取或者拟合计算。

3. 分断试验

为了在型式试验和现场应用之前，准确验证主电流支路和转移电流支路的电流分断能力，以及分断过程中各子模块的电压均衡特性，对主电流支路和转移电流支路的电力电子模块需要进行电流分断试验，包含额定电流分断和大电流分断，电流分断试验要求分断的电流峰值、分断时间和暂态分断电压均满足试品技术要求，且分断过程中子模块无误报，试品无绝缘击穿和闪络，否则认

为试验失败。同样，由于例行试验中分断试验设备容量有限，试品也可选取与直流断路器整体一定比例数量的模块。

4. MOV 均流测试

由于直流断路器的 MOV 容量巨大，需要吸收上百兆焦的能量且串并联数量多，若其中一柱或者几柱吸收电流较大，势必加速整体老化，进而可能造成 MOV 炸裂。因此，为了确保大量串并联的 MOV 部件承受电流的分散性和均衡性，需要针对 MOV 阀片开展均流测试，系数按照 1.05～1.10 考虑。

5. 水路试验

针对含有水冷系统的直流断路器，水路试验应包含水路冲刷、水质净化、水流量试验和水压试验等。通过水路冲刷确保水管及连接位置无阻碍物，冲刷完成后，需要进行水质净化，将水管接入水系统，保持系统循环水流量，直至冷却介质的电导率降到要求以下。上述工作完成后，可开展水压试验，确保水路安装正确，接头和水管满足抗压要求，在水路入口安装抗震压力表，用泵将压力提高并保持 1h，无泄漏现象。

6.4 型式试验

型式试验是针对产品性能和核心功能开展的试验，其试验应力应与实际运行工况进行匹配和等效，只有通过型式试验，产品才能设计定型。型式试验带有“抽样筛选”的特点，并不是针对所有的产品开展试验。

型式试验主要涉及设备整机性能的相关试验。型式试验包括绝缘试验和运行试验。

绝缘试验旨在检验所设计的断路器在各种过电压下的特性。必须通过这些试验证明：断路器具有足够的绝缘水平，能够承受所规定的各种过电压；断路器内部的各种过电压保护功能正常；断路器电力电子阀内部均压回路的额定容量足够大；在各种过电压下，断路器内任何部件，包括电力电子器件和快速机械开关等，实际承受的电压不超过其电压耐受能力；断路器各辅助功能电路具有足够的干扰能力，功能正确完备。

运行试验旨在检验断路器通流能力、开断能力、关合能力、重合闸能力等。运行试验完成高压直流断路器主要特征功能的验证。

6.4.1 型式试验内容

混合式高压直流断路器关键型式试验项目如表 6-2 所示。

表 6-2　　　　混合式高压直流断路器关键型式试验项目

<table>
<tr><th>试验类型</th><th colspan="2">试验项目</th></tr>
<tr><td rowspan="5">绝缘试验</td><td rowspan="2">端间绝缘试验</td><td>端间直流耐压试验</td></tr>
<tr><td>端间操作冲击试验</td></tr>
<tr><td rowspan="3">对地绝缘试验</td><td>对地直流耐压试验</td></tr>
<tr><td>对地操作冲击试验</td></tr>
<tr><td>对地雷电冲击试验</td></tr>
<tr><td rowspan="3">运行试验</td><td rowspan="3">电流承载试验</td><td>连续额定电流试验</td></tr>
<tr><td>过负荷电流试验</td></tr>
<tr><td>短时电流耐受试验</td></tr>
<tr><td rowspan="6">运行试验</td><td rowspan="3">电流开断试验</td><td>小电流开断试验</td></tr>
<tr><td>额定电流开断试验</td></tr>
<tr><td>短路电流开断试验</td></tr>
<tr><td rowspan="2">电流关合试验</td><td>额定电流关合试验</td></tr>
<tr><td>短路电流关合试验</td></tr>
<tr><td colspan="2">重合闸试验</td></tr>
</table>

在试验流程上，绝缘试验在运行试验之前进行，因为绝缘试验是对断路器整体电气设计和结构设计合理性的初步检验。通过绝缘试验的断路器才能进行运行试验。这样的安排保证了试验对断路器各层次风险点的逐步排查，降低了断路器损坏风险。

（1）端间直流耐压试验，主要检验断路器端间直流耐压水平。端间直流耐压水平按照直流系统绝缘配合选取。试验采用直流恒压源进行，对断路器端间进行正负极性的耐压试验。

（2）端间操作冲击试验，主要检验断路器端间操作绝缘水平。试验采用高压直流发生器进行。端间冲击耐受水平按照直流系统绝缘配合选取，对断路器施加 3 次正极性和 3 次负极性端间冲击电压。

（3）对地直流耐压试验，主要检验断路器对地直流耐压水平。对地直流耐压水平按照直流系统绝缘配合选取。试验采用直流恒压源进行，对断路器支架进行正负极性的耐压试验。

（4）对地操作冲击试验，主要检验断路器对地操作绝缘水平。试验采用高压直流发生器进行。操作冲击耐受水平按照直流系统绝缘配合选取。对断路器施加 3 次正极性和 3 次负极性操作冲击电压。

（5）对地雷电冲击试验，主要检验断路器对地雷电绝缘水平。试验采用高压直流发生器进行。雷电冲击耐受水平按照直流系统绝缘配合选取。对断路器施加 3 次正极性和 3 次负极性雷电冲击电压。

（6）连续额定电流试验，主要检验主电流支路半导体单元和快速机械开关的额定通流能力。试验电流应为最大持续直流电流。可以采用低压大电流源试验电路来开展本试验项目，试验持续时间应在半导体器件达到热平衡后不低于 2h。

（7）过负荷电流试验，主要检验主电流支路半导体单元和快速机械开关的过负荷能力。试验电流应为最大过负荷电流。可以采用低压大电流源试验电路来开展本试验项目，并在长期通流试验之后进行无缝衔接试验。过负荷电流运行持续时间不应低于 10min。

（8）短时电流耐受试验，检验断路器主电流支路设计是否满足特定短路条件下的电流。短时过电流的幅值和持续时间应为实际运行中预期达到的最大值，不附加试验安全系数。试验在长期通流试验之后进行无缝衔接试验。

（9）小电流开断试验，验证断路器在直流系统小电流运行下退出换流站或直流线路的控制开断功能。试验前，要求断路器处于闭合状态，随后在通小电流后，按照既定的开断时序开展试验。开断电流为断路器额定电流的 1%、5%和 10%，开断时间不超过设计值。在每种电流值下，正反向各试验 3 次。

（10）额定电流开断试验，验证断路器在直流系统稳态运行下退出换流站或直流线路的电流开断功能。试验前，要求断路器处于闭合状态，随后在通额定电流后，按照既定的开断时序开展试验。开断电流达到设计额定值，开断时间不超过设计值。在额定电流值下，正反向各试验 3 次。

（11）短路电流开断试验，验证断路器快速机械开关开断速度、半导体组件开断故障电流能力及断路器整体开断控制保护策略设计的正确合理性。试验应采用合适的试验电路进行，给出等效于相应开断条件的应力，如采用低频 LC 放电试验电路或低频交流发电机试验电路。试验中应等效复现电流幅值、最高 $\mathrm{d}i/\mathrm{d}t$、电压幅值和最高 $\mathrm{d}u/\mathrm{d}t$。为了正确再现热效应，试验应在主电流支路运行达到热稳定后进行。如不能做到这一点，应调整试验条件近似补偿有关损耗的差值。断路器能够在规定时间内可靠完成设计要求次数的短路电流连续开断，开断电流可选择最大开断电流的 25%、50%、75%和 100%，开断后能量吸收装置温升满足技术要求。在每种电流值下，正反向各试验 3 次。

（12）额定电流关合试验，验证断路器合闸于健全线路所承受电流、电压等是否在设计能力以内，以及断路器关合时整体控制保护策略设计的合理性。断路器能够可靠关合设计额定电流，合闸时间不超过设计值。试验次数为3次。

（13）短路电流关合试验，验证断路器合闸于故障线路所承受电流、电压等是否在设计能力以内，以及断路器关合短路电流控制保护策略设计的合理性。断路器能够可靠关合设计短路电流，合闸时间不超过设计值。试验次数为3次。

（14）重合闸试验，验证断路器在百毫秒内的分—合能力。断路器能够可靠完成分—合操作，分—合操作的总体时间不超过设计最大值。断路器各部件正常动作，无器件损坏。重合闸中第一次和第二次开断电流幅值和 di/dt 需要满足设计要求，或根据采购方认可的试验要求进行。试验次数为3次。

（15）电磁兼容试验，验证断路器抵抗内部产生的和外部强加的瞬时电压和电流变化引起的电磁干扰（电磁扰动）的能力。断路器中的敏感元件主要是半导体器件的控制、保护和监测电路。通常，断路器的抗干扰能力可通过其他型式试验时监测断路器的状态进行检测。其中，最重要的试验为端间操作冲击试验、短路电流开断试验和重合闸试验。

6.4.2 型式试验方法

1. 端间直流耐压试验

试验应按规定进行大气修正。冷却系统应处于最苛刻运行状态。供能系统在整个试验过程中必须正常运行。

断路器端间直流耐压试验前，全部半导体单元处于闭锁状态。直流试验电压源应接在断路器一个主端子与地之间，而断路器的另一主端子接地。

电压从不超过50%的1min试验电压开始，在尽可能短的时间内升至规定的1min试验电压水平，保持1min，再降低到规定的1h试验电压，保持1h后降至零。试验电压 U_{tdv} 为

$$U_{tdv}=\pm U_{dn}k_2k_t \tag{6-55}$$

式中：U_{dn} 为根据转移电流支路半导体组件开关的最大直流电压承受能力核定；k_2 为试验安全系数，1min试验，$k_2=1.6$，1h试验，$k_2=1.1$；k_t 为大气修正系数。

应对端间进行正负极性的耐压试验，试验过程中不应发生绝缘击穿、闪络。整个记录期间，平均每分钟300pC以上的脉冲不超过15次；500pC以上的脉冲不超过7次；1000pC以上的脉冲不超过3次；2000pC以上的脉冲不超过1次。

2. 端间操作冲击试验

试验应按规定进行大气修正。冷却系统应处于最苛刻运行状态。供能系统在整个试验过程中必须正常运行。

断路器端间操作冲击试验前，应拆除能量吸收装置或断开能量吸收支路连接，全部半导体单元处于闭锁状态。直流试验电压源应接在断路器一个主端子与地之间，而断路器的另一主端子接地。试验电压为

$$U_{tsv}=U_{cms}k_3k_t \tag{6-56}$$

式中：U_{cms}为跨接于断路器端子间的操作冲击预期电压，由系统设计要求研究确定；k_3为试验安全系数，取1.15；k_t为大气修正系数。

应对断路器端间施加3次正极性和3次负极性操作冲击电压。试验电压波形采用GB/T 16927.1—2011《高电压试验技术　第1部分：一般定义及试验要求》的标准操作冲击电压波形。断路器应能承受试验电压，内部不应发生闪络放电、绝缘击穿等现象。

3. 对地直流耐压试验

试验应按规定进行大气修正。冷却系统应处于最苛刻运行状态。供能系统在整个试验过程中必须正常运行。

试验之前，应将高压断路器两个主端子连接在一起，将直流电压加在已连接的两个端子与地之间。电压从规定的50%的1min试验电压开始，在尽可能短的时间内升至规定的1min试验电压，保持1min恒定，再降至规定的3h试验电压，保持3h恒定，然后减到零。断路器对地直流试验电压U_{tds}为

$$U_{tds}=\pm U_{dms}k_1k_t \tag{6-57}$$

式中：U_{dms}为跨接在断路器支架上的稳态运行电压（系统处于输电状态时）直流分量的最大值；k_1为试验安全系数，1min试验，$k_1=1.6$，3h试验，$k_1=1.1$；k_t为大气修正系数。

应对断路器支架进行正负极性的耐压试验。试验过程中，不应发生绝缘击穿、闪络，平均每分钟300pC以上的脉冲不超过15次；500pC以上的脉冲不超过7次；1000pC以上的脉冲不超过3次；2000pC以上的脉冲不超过1次。

4. 对地操作冲击试验

试验应按规定进行大气修正。冷却系统应处于最苛刻运行状态。供能系统在整个试验过程中必须正常运行。

试验之前，应将高压断路器两个主端子连接在一起，将直流电压加在已连接的两个端子与地之间。

操作冲击试验电压应与直流系统的直流极线操作冲击耐压水平一致，按照设计要求选取。

此试验对断路器施加 3 次对地正极性和 3 次对地负极性操作冲击电压。

试验电压波形采用 GB/T 16927.1—2011 的标准操作冲击电压波形。试验过程无击穿、闪络。

5. 对地雷电冲击试验

试验应按规定进行大气修正。冷却系统应处于最苛刻运行状态。供能系统在整个试验过程中必须正常运行。

试验之前，应将高压断路器两个主端子连接在一起，将直流电压加在已连接的两个端子与地之间。

雷电冲击试验电压应与直流系统的直流极线雷电冲击耐压水平一致，按照设计要求选取。

此试验对断路器施加 3 次对地正极性和 3 次对地负极性雷电冲击电压。

试验电压波形采用 GB/T 16927.1—2011 的标准雷电冲击电压波形。试验过程无击穿、闪络。

6. 最大持续运行电流试验

试验电流应为最大持续直流电流。试验电流 I_r 为

$$I_r = I_N k_4 k_{is} \tag{6-58}$$

式中：I_N 为额定电流；k_4 为试验系数，取 1.1；k_{is} 为冗余系数，详见 4.5.2。

可以采用低压大电流源试验电路来开展本试验项目，试验持续时间应在半导体器件达到热平衡后不少于 2h。快速机械开关和半导体组件的温升应满足设计要求。

7. 过负荷电流试验

试验前，主电流支路应达到 6.6.2 所述条件下的热平衡。然后，开展过负荷电流试验，持续时间应不低于 10min。试验电流为

$$I_{t2} = I_m k_5 k_{is} \tag{6-59}$$

式中：I_m 为过负荷电流；k_3 为试验系数，取 1.05；k_{is} 为冗余系数，详见 4.5.2。

8. 短时电流耐受试验

试验前，主电流支路应达到热平衡，然后开展试验。短时过电流的幅值和持续时间应为实际运行中预期达到的最大值，不附加试验安全系数。快速机械开关和半导体组件无故障。

9. 小电流开断试验

试验前，要求断路器处于闭合状态，随后在通小电流后，按照既定的开断时序开展试验。开断电流为断路器额定电流的 1%、5%和 10%（或者选择 10、50、100A），开断时间不超过设计值。

试验次数为在每种电流值下正反向各 3 次。

10. 额定电流开断试验

试验前，要求断路器处于闭合状态，随后在通额定电流并达到 6.6.2 所述条件下的热平衡后，按照既定的开断时序开展试验。开断电流达到设计额定值，开断时间不超过设计值。

试验次数为在额定电流值下正反向各 3 次。

11. 短路电流开断试验

试验应采用合适的试验电路进行，给出等效于相应开断条件的应力，如采用低频 LC 放电试验电路或低频交流发电机试验电路。试验中应等效复现电流幅值、最高 di/dt、电压幅值和最高 du/dt。为了准确再现热效应，试验应在主支路运行达到热稳定后进行。如不能做到这一点，应调整试验条件近似补偿有关损耗的差值。能量吸收装置热应力因所需试验容量较大在一次试验中无法等效复现时，可开展独立的吸收容量试验，证明能量吸收装置温升和能量吸收值满足设计要求。

断路器能够在规定时间内可靠完成设计要求次数的短路电流连续开断，开断电流可选择最大开断电流的 25%、50%、75%和 100%，开断后能量吸收装置温升和能量吸收值满足设计要求。

在每种电流值下，试验次数为正反向各 3 次。

断路器短路电流开断试验中，需要记录快速机械开关的开断时间和断口同期性参数，开断时间和断口同期性参数应满足设计要求。

12. 额定电流关合试验

断路器能够可靠关合设计额定电流，合闸时间不超过设计值。试验次数为 3 次或根据设计要求决定。

13. 短路电流关合试验

断路器能够可靠关合设计短路电流，合闸时间不超过设计值。试验次数为 3 次或根据设计要求决定。

14. 重合闸试验

断路器能够可靠完成分—合操作，分—合操作的总体时间不超过设计最大值。断路器各部件正常动作，无器件损坏。

重合闸中第一、二次开断电流幅值和 di/dt 均满足设计要求，或根据采购方认可的试验要求进行。

试验次数为正反向各 2 次或根据设计要求决定。

15. 电磁兼容试验

通常，断路器的抗干扰能力可通过其他型式试验时监测断路器的状态进行检测。其中，最重要的试验为端间操作冲击试验、短路电流开断试验和重合闸试验。

验证断路器在端间操作冲击试验、短路电流开断试验和重合闸试验中，半导体单元不会误触发；快速机械开关不会误动作；不会出现组件故障的错误指示；控制保护装置不会发送错误信号至各个组件控制单元。

7 高压直流断路器典型工程应用案例

7.1 概述

高压直流断路器是实现直流负荷、短路电流关合和开断的电力装备，能够实现多端柔性直流输电及直流电网直流故障的快速隔离和清除，保障柔性直流输电系统的可靠性、经济性和灵活性，是构建柔性直流电网及发展全球能源互联网的关键设备。

2016 年，200kV 高压直流断路器在舟山±200kV 五端柔性直流输电工程（简称舟山工程）中得以应用，是全球范围内的首次工程应用。2020 年，500kV 高压直流断路器在张北柔性直流电网示范工程（简称张北工程）中得以应用，所用断路器是世界上电压等级最高、分断容量最大的直流断路器。

7.2 舟山工程应用

7.2.1 舟山工程简介

舟山工程是目前世界上容量最大、端数最多的柔性直流输电工程。该工程含五座换流站（舟定换流站 400MW、舟岱换流站 300MW、舟衢换流站 100MW、舟洋换流站 100MW、舟泗换流站 100MW），四回直流电缆（总长 141×2km），位置及系统连接示意图如图 7-1 所示。舟山工程于 2014 年 7 月 4 日正式投入运行，有效地改善了岑港风电场、衢山风电场等风电的故障穿越能力，增强了舟山电网对风电的接纳能力，提高了各岛屿的供电可靠性，实现了舟山北部各岛屿间的电能灵活转换。

舟山工程采用模块化多电平（MMC）拓扑结构换流阀技术，该技术采用半桥子模块级联方式，如图 7-2 所示。换流阀桥臂中的每个子模块可以独立控制，

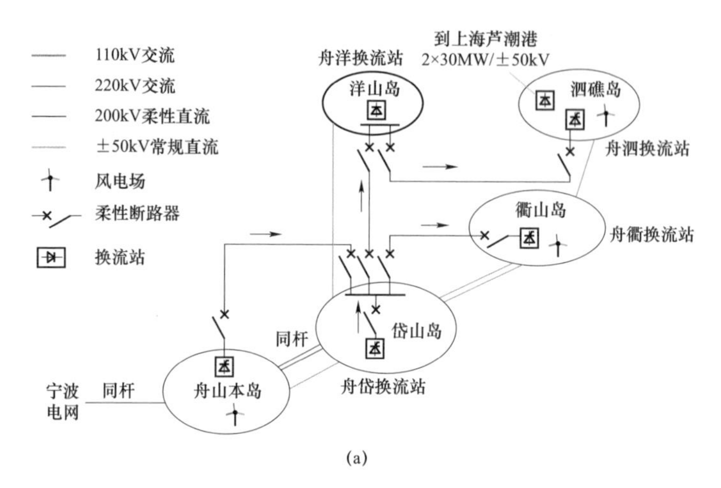

(a)

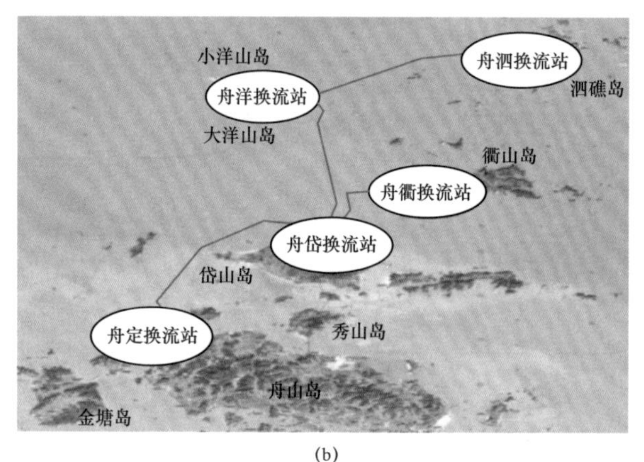

(b)

图 7-1 舟山工程示意图

（a）系统接线图；（b）地理位置图

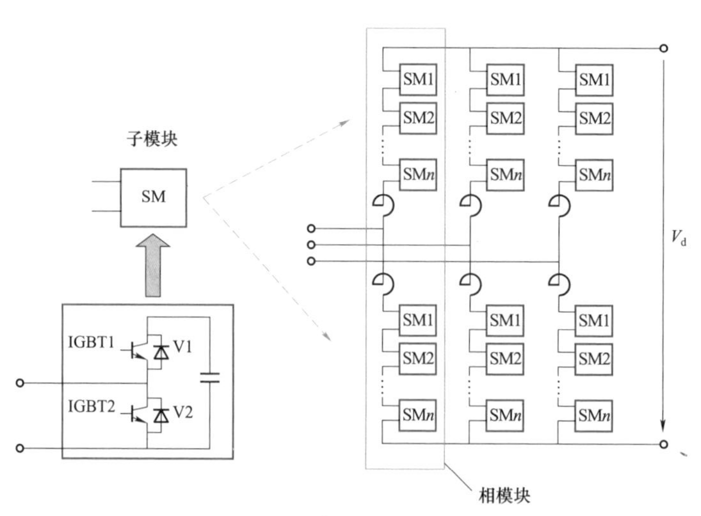

图 7-2 半桥 MMC 换流阀拓扑

每一相上、下两个桥臂的电压和等于直流极线电压。交流电压由每一相中两个桥臂的子模块旁路按比例来控制，桥臂中的子模块越多，交流电压的谐波越小。每个桥臂装设桥臂电抗器，直流极线安装平波电抗器，用于抑制故障电流的上升速率和幅值。

之前，舟山工程的主要架构由基于半桥 MMC 结构的柔性直流换流阀和直流隔离开关构成，这种换流阀拓扑和网络架构在运行过程中存在如下问题：

（1）直流侧故障无法快速隔离。由于隔离开关无法开断故障电流，目前对于直流线路单极接地故障的清除主要是跳开交流断路器，待直流电流为零后，再利用直流隔离开关隔离故障。一旦发生直流侧故障，则需要五端换流站全部停运。但交流断路器的分断时间长达数十毫秒，在此期间，会对线路及换流站设备造成极大的过电压冲击。

（2）直流系统无法快速重启动。常规直流输电均具备重启动功能，以实现直流侧故障清除后功率的快速恢复。舟山工程由于换流器拓扑结构原因，直流故障发生之后虽然交流断路器跳开，但线路中存在桥臂电抗器和平波电抗器续流，故障电流仍旧无法快速消除，在故障电流存在的情况下，无法通过直流隔离开关隔离故障。综上，故障重启动过程需经历换流阀闭锁、交流侧断路器动作、线路放电、直流故障隔离、拉开启动电阻旁路隔离开关和重新充电启动等几个步骤，需要大约 40min 左右。此过程涉及设备多、操作时间长，无法实现系统的快速重启动。

（3）无法实现换流站单站带电投退。虽然舟山工程在投运后的专项试验中验证了可通过带电操作将运行中的单个换流站退出，但如果要将单个换流站并入运行中的柔性直流系统，仍旧需要将运行中的换流站全部停运，等待放电完毕，通过倒闸操作将换流站并入，然后重新启动五端换流站。

7.2.2 舟山工程断路器配置及作用

鉴于上述问题，类似于交流电网中应用的交流断路器，将高压直流断路器应用于舟山工程中，能够实现舟山工程直流系统故障电流和故障点的快速分断和隔离，实现健全换流站持续可靠运行。

（1）直流断路器配置方案。在舟定换流站正负极换流阀与线路平波电抗器之间配置 2 台直流断路器，系统接线及高压直流断路器在舟定换流站的应用如图 7–3 所示。

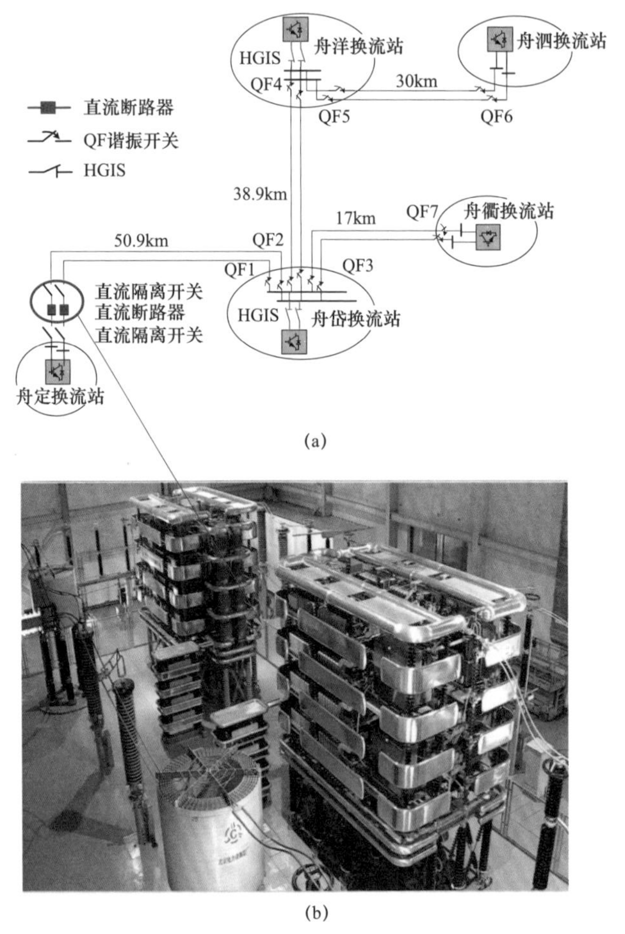

图 7-3　舟山工程直流断路器工程应用

（a）系统接线图；（b）现场图

（2）直流断路器作用。200kV 高压直流断路器于 2016 年 12 月在舟山工程中投运以来，先后完成了 2 次（正、负极各 1 次）单极海缆接地和 1 次双极短路故障隔离，具体情况如下：

1）定岱线距离舟山换流站数十千米处分别发生负极、正极接地故障，直流断路器均成功开断短路电流，实现舟定换流站隔离；

2）岱衢线发生负极海缆接地故障，随后洋泗线距舟洋换流站数十千米处正极海缆击穿，形成双极短路故障，定岱线直流断路器成功开断短路电流，实现舟定换流站隔离。

200kV 高压直流断路器在舟山工程中成功应用，将系统可用率由投运前的 87.1%提升至 99.3%，显著提升了舟山工程的故障穿越能力与系统运行的灵活性，

对保障舟山工程可靠供电发挥了重要作用。

直流断路器可靠开断单双极短路故障电流，进一步表明直流断路器在直流系统中的优势：

1）快速隔离换流站内和直流线路故障，实现换流站灵活投退；

2）无须跳开交流侧断路器，实现故障近端换流站快速重启动，远端换流站甚至不用闭锁，实现功率传输不中断，能够提高多端直流及直流电网运行的经济性和可靠性；

3）大幅降低故障电流对换流站设备和交流系统的冲击，保障系统设备安全；

4）实现故障后直流子系统稳定运行和网络重构；

5）有利于多端及直流电网的扩建。

（3）舟山 200kV 高压直流断路器主要参数如表 7－1 所示。

表 7－1　　200kV 高压直流断路器主要参数

主要参数	数　值
额定电压	200kV
额定负荷电流	1kA
开断时间	2.5ms
开断电流峰值	15kA

7.2.3　人工短路试验

高压直流断路器属于新型高端电力装备，其试验标准在国际上尚无统一的依据。200kV 混合式高压直流断路器在投入实际使用前，完成了相对完备的型式试验，然而若在试验室试验中完全复现真实系统全部应力将极其不经济，所以主要通过等效方式实现，而试验方法等效性仍处于论证阶段。此外，自直流断路器投运以来，虽已在系统中完成故障电流开断，但由于故障点距离舟定换流站较远，直流断路器开断应力未达到实际系统中会出现的最严重应力。因此，有必要在实际系统最苛刻工况下开展人工短路试验，考核直流断路器短路电流开断能力，以此真实、全面检验直流断路器的技术先进性和动作可靠性，及其与换流阀配合逻辑的正确性。

舟山工程采用单极对称方式运行，为考核直流断路器在不同工况下的开断性能，需针对 200kV 直流断路器开展单极与双极短路试验。

单极接地短路试验主要考核直流断路器的绝缘耐受性能。由于舟山工程为单极对称运行，且在交流侧经高阻接地，故障后非故障极电压将提高至 2 倍额定电压，再加上直流断路器自身开断过电压，对直流断路器的对地绝缘性能提出了极高要求。

双极短路试验主要考核直流断路器的开断电流性能。换流站出口处故障时系统阻抗最小，短路电流幅值最大且电磁干扰最为严重，对断路器开断性能及抗电磁干扰能力考核最为严苛。

柔性直流输电系统双极人工短路试验在国际上属于首次开展，短路试验将充分验证直流断路器在系统短路故障过程中的动作性能，检验高压直流开断技术的成熟度。

1. 人工短路试验主接线

舟山工程人工短路试验系统主接线如图 7－4 所示。直流断路器人工短路试验利用直流场外空地，通过直流电缆引出到户外试验场地，通过无人机搭接引弧线形成短路点，其试验布置图如图 7－5 所示。

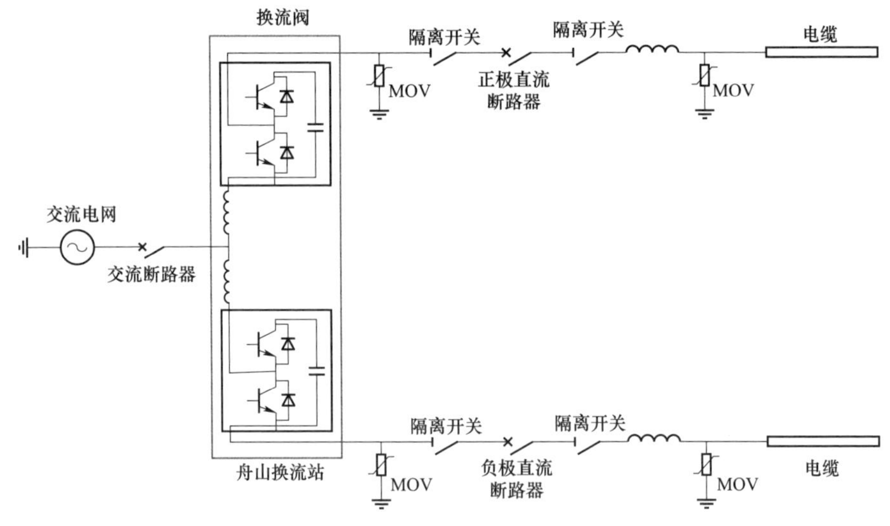

图 7－4　舟山工程人工短路试验系统接线图

2. 人工短路试验测量点

（1）直流电压测量。短路发生时直流断路器两端的电压变化数据验证了直流断路器开断机理，电抗器两端的电压变化数据对柔性直流系统过电压保护和绝缘配合提供了直接的数据支撑。电压测量点如图 7－6 所示。

（2）直流电流测量。短路发生时电缆芯线电流（故障电流）对分析试验回路故障电流发展机理提供数据支撑，电缆屏蔽层感应电流数据可有效验证电缆模型的正确性，并为分析和抑制短路过程中电缆内的传导干扰提供数据支撑。正极接地、负极接地及双极短路试验电流测量点分别如图7-7～图7-9所示。

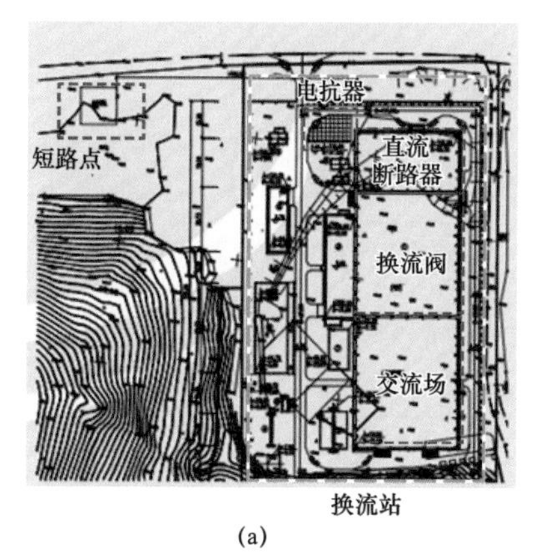

(a)

(b)

图7-5　舟山工程人工短路试验布置图

(a) 短路试验平面图；(b) 人工短路试验短路点

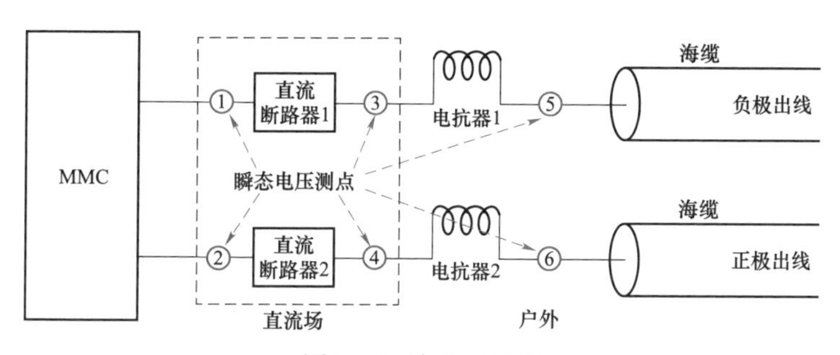

图7-6　电压测量点

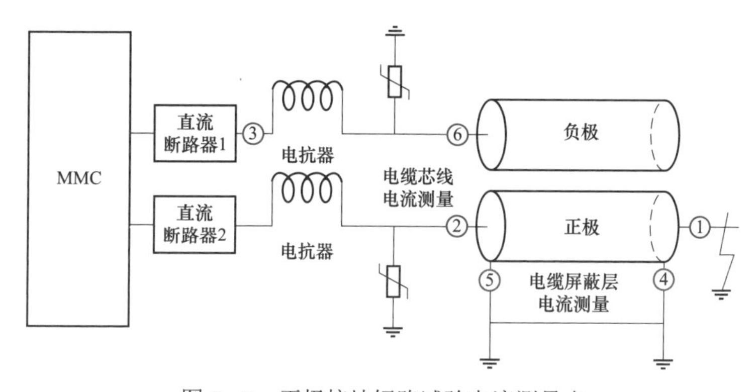

图7-7　正极接地短路试验电流测量点

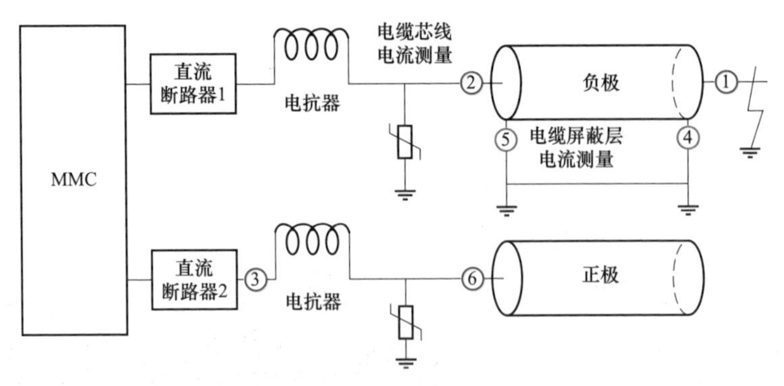

图 7-8　负极接地短路试验电流测量点

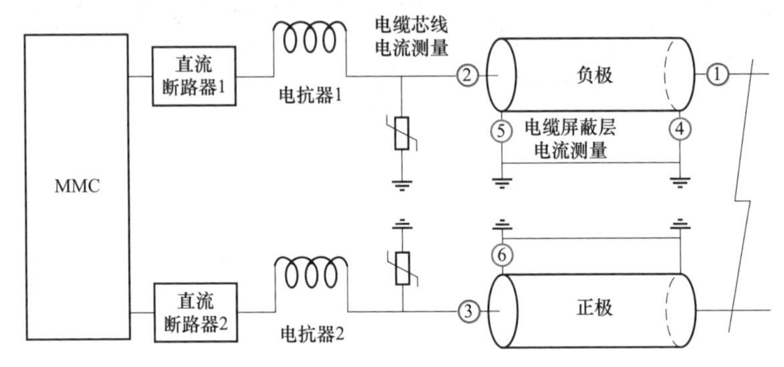

图 7-9　双极短路试验电流测量点

3. 人工短路试验结果

（1）正、负极短路试验结果。负极短路试验电压、电流波形与正极短路试验近似，在此仅对正极短路试验进行描述。

正极短路试验各测量点电压波形如图 7-10 所示，从图 7-10 可知，故障极电压降为零，非故障极电压升为额定电压的近 2 倍。

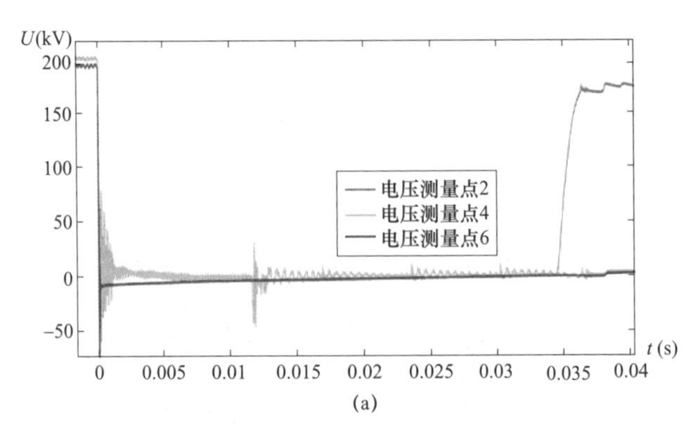

图 7-10　正极短路试验两极电压波形（一）

（a）故障极电压

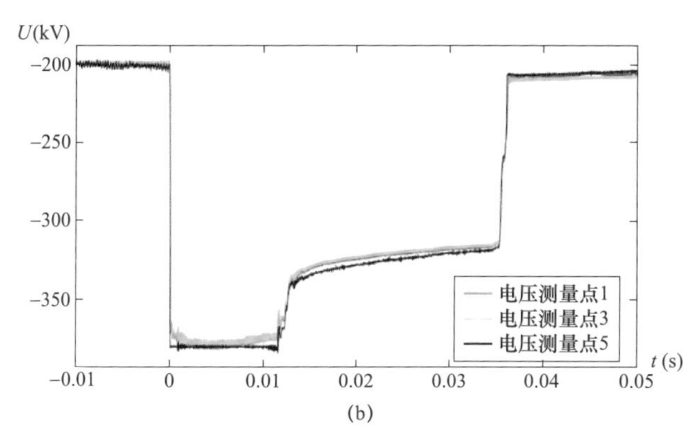

图 7－10　正极短路试验两极电压波形（二）

（b）非故障极电压

正极短路试验故障极电流波形如图 7－11 所示。

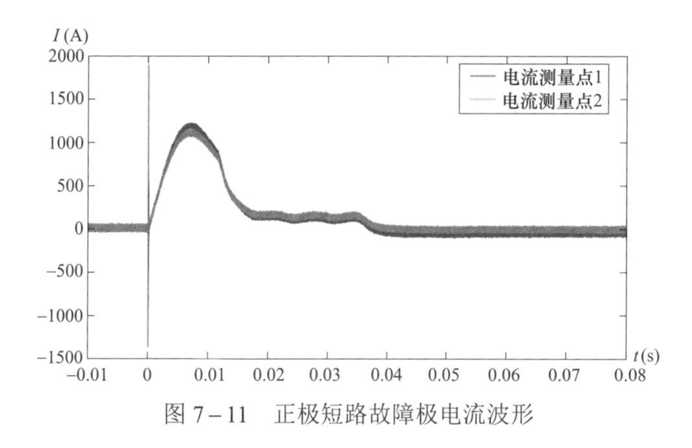

图 7－11　正极短路故障极电流波形

（2）双极短路试验结果。双极短路试验现场如图 7－12 所示。

图 7－12　舟山双极短路试验现场

短路故障发生后，双极短路故障的电压波形如图 7－13 所示。

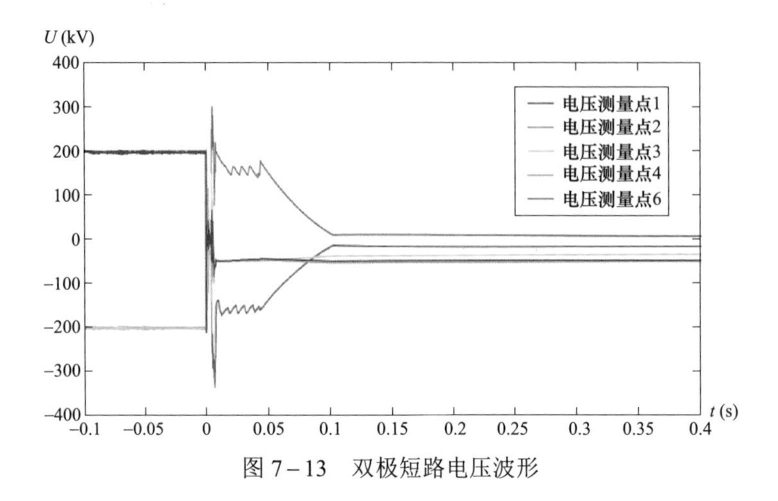

图 7－13　双极短路电压波形

在电压波动的变化过程中，测得的正极电压最大值为 300kV，负极电压最小值为－335kV。

双极短路试验电流波形如图 7－14 所示，t_0 时刻发生双极短路，短路电流迅速上升，直流断路器动作阈值为 2.5kA，检测到故障电流并经过一段延时后，在 t_1＝1.1ms 时刻直流断路器主支路闭锁。同样地，换流阀检测到较大的电流时也发出闭锁信号，当 t_2＝2ms 时换流阀闭锁，故障电流开始下降。当转移电流支路闭锁后，经过 2.7ms 的直流断路器动作时间，在 t_3＝3.8ms 时刻直流断路器转移电流支路闭锁，故障电流开始迅速下降，电流转移至直流断路器的能量吸收支路。在 t_3＝6.3ms 时刻能量吸收支路动作完毕，故障电流衰减至零。

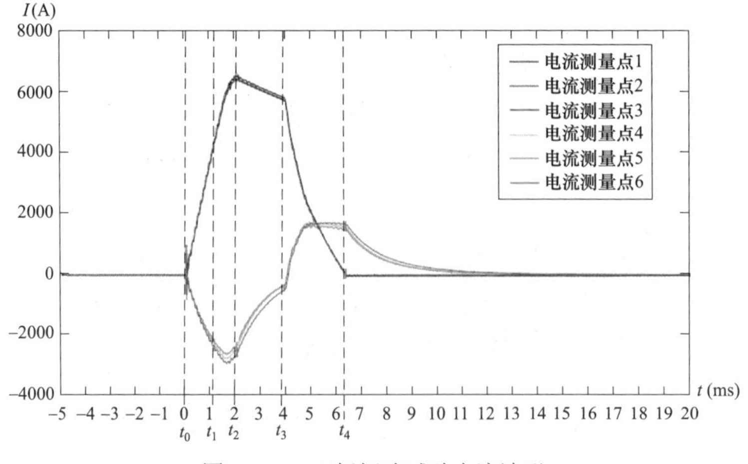

图 7－14　双极短路试验电流波形

4. 小结

为了更加充分地检验高压直流断路器的应用性能，实现对直流断路器最严苛工况下的应力考核，在舟山工程的舟定换流站出口开展正极线单极接地、负极线单极接地和双极短路三种工况的人工短路试验。这是国际上首次在柔性直流输电系统的换流站出口开展完整闭环人工短路试验，试验难度极大。

通过试验方案的充分论证，舟山工程人工短路试验顺利实施，每一项短路试验均一次性成功，实际验证了直流断路器快速隔离柔性直流系统直流侧短路故障的能力，也充分显示：

（1）直流断路器与系统的良好配合特性，舟山柔性直流系统直流断路器的配置方案、控制策略、保护逻辑等设计正确，直流断路器能够可靠实现柔性直流系统的各种保护，满足各种运行方式需求。

（2）直流断路器的强保护能力，直流断路器可实现舟山柔性直流系统单极接地故障的快速控制分断、双极短路故障毫秒级保护自分断，实现系统故障的快速清除和隔离，确保健全系统快速恢复运行，对提升系统运行可靠性和可用率提供了有力支撑。

（3）严苛的试验应力考核。直流断路器可承受单、双极短路下的苛刻电气应力和高频电磁干扰冲击。在单极接地情况下，直流断路器开断故障电流峰值为 1.007kA，开断时间为 2.7ms，对地电压峰值达到 380kV。双极短路情况下，开断短路电流峰值为 5.724kA，开断时间为 2.7ms，暂态开断电压峰值为 300kV，承受最大电压变化率为 190kV/μs，最大电流变化率为 1.1kA/μs。

直流断路器承受了单、双极短路工况下苛刻的暂稳态电气应力考核，关键零部件及组件在短路工况时的高频电磁脉冲干扰冲击下无任何异常。

7.2.4 小结

舟山工程是国际上首个混合式高压直流断路器应用示范工程，自直流断路器在舟山工程投运以来，已成功在系统中实现了单极接地故障和双极短路故障的可靠分断，实现了系统故障的快速隔离、换流站快速保护和故障后的快速恢复，大幅提升了工程运行的可靠性和可用率。舟山工程人工短路试验的成功，充分验证了直流断路器在系统短路故障过程中的动作性能，标志着高压直流开断技术走向成熟。

7.3 张北工程应用

7.3.1 张北工程简介

张北工程电压等级为±500kV，采用四端环网（张北换流站 3000MW、北京换流站 3000MW、康保换流站 1500MW、丰宁换流站 1500MW），系统为带金属回线的双极拓扑结构，如图 7–15 所示。

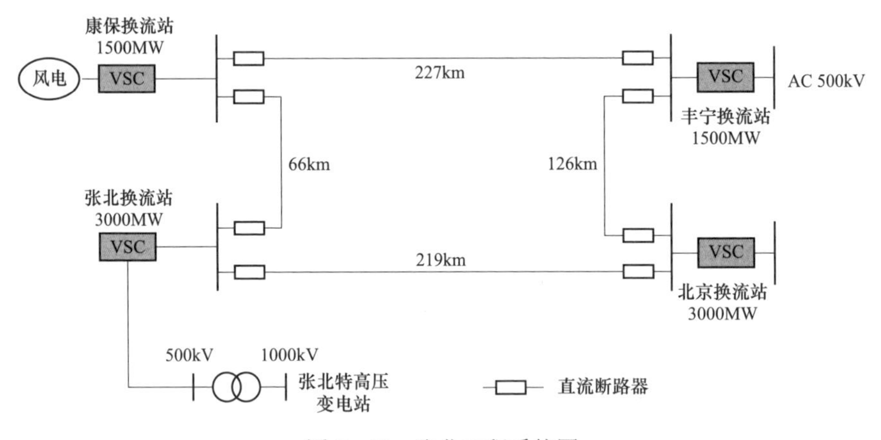

图 7–15 张北工程系统图

张北、康保换流站汇集当地风力发电和光伏发电，张北换流站接入张北特高压变电站 500kV 交流母线；康保换流站接入康保 500kV 变电站交流母线；丰宁换流站接入丰宁抽水蓄能电站—金山岭 500kV 线路；北京换流站接入当地交流电网，张北、康保、丰宁与北京换流站形成四端直流环网。其中，张北换流站和康保换流站为送端，用于汇集当地风电；丰宁换流站为调节端，接入当地抽水蓄能电站，抑制风电波动；北京换流站为受端，为北京提供稳定清洁的电力。

张北工程采用模块化多电平（MMC）拓扑结构换流阀技术，采用半桥子模块级联方式。该技术与舟山工程相同，在此不再赘述。

7.3.2 张北工程断路器配置及作用

1. 直流断路器配置方案

通过对张北工程线路不同平波电抗器参数在单、双极故障类型情况下，张

北换流站闭锁时间、短路电流及避雷器吸收能量的仿真分析，得到张北工程高压直流断路器配置方案，如图 7－16 所示。直流断路器配置于直流平波电抗器与直流线路之间，即线路电抗器位于断路器阀侧。

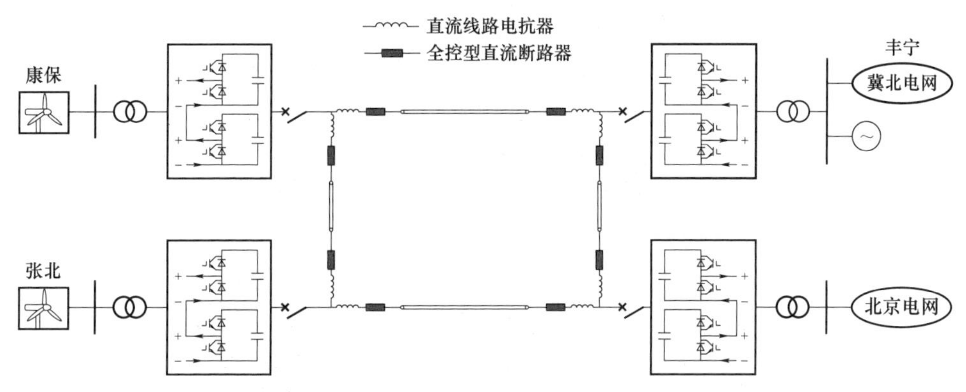

图 7－16　张北工程直流断路器配置方案

2. 直流断路器作用

由于张北工程采用架空线路，与电缆线路相比，架空线路的故障可能是瞬时性的。因此，在发生线路故障时，除了要快速清除故障外，还要考虑故障线路的重启过程。断路器跳开以后，故障线路需要一定的去游离时间来恢复绝缘，而各换流站将通过其他直流线路形成新的系统潮流分布。经过一定时间后，故障线路的断路器重合，一旦故障清除，则系统重新恢复正常潮流；如果故障未清除，则断路器需要再次跳开以隔离故障。

假设在康保—丰宁线路的左端发生短路故障，故障点近端的康保换流站在故障后闭锁，故障线路两端的直流断路器跳开将故障隔离。与此同时，北京换流站仍将维持直流网络的电压，张北、丰宁换流站和直流线路持续运行。故障清除后，由于直流电网电压始终存在，闭锁的康保换流站可以在短时间内解锁恢复正常运行。

直流侧发生故障后，直流断路器可在数毫秒内实现故障清除，非故障设备及线路不受影响，直流电网功率不会中断，避免远端换流器闭锁，对交流系统稳定的影响较小，有效地保证了张北工程运行的可靠性。

3. 500kV 直流断路器介绍

联研院研制的 500kV 直流断路器如图 7－17 所示，主要参数如表 7－2 所示。

图 7－17　500kV 高压直流断路器

表 7－2　　500kV 高压直流断路器主要参数

主要参数	数　值
额定电压	535kV
额定负荷电流	3kA
开断时间	2.5ms
开断电流峰值	25kA

7.3.3　小结

直流断路器是构建张北工程的关键设备之一，可以实现张北工程直流线路故障快速清除和隔离，保障张北工程安全、可靠、经济运行，可有效解决张北地区大规模可再生能源安全并网、灵活汇集与送出困难等问题。

索 引